1　生産緑地法の概要

1）生産緑地法の概要

生産緑地法は第１条で、その目的を「農林漁業との調整を図りつつ、良好な都市環境の形成に資すること」としています。生産緑地として指定した土地は、計画的に維持・保全されるために、次の二つの対応が図られています。

一つ目は転用等の規制（行為制限と言います）です。生産緑地に指定された土地は生産緑地法で許容される施設等を除き、生産緑地として指定した利用（農・林・漁業）以外の目的・用途に使用できなくなり、違反した場合には本来あるべき状態（農地・林地・池沼）に戻さなければなりません。行為制限を解除するには、市町村に対して買取りの申出をしますが、この「買取りの申出」は一定の要件に該当した場合にのみ行うことができます。

二つ目は税制の特例です。市街化区域内の農地等の固定資産税・都市計画税は宅地にみなされた評価・課税ですが、生産緑地に指定されると現況の評価・課税になります。したがって、農地ならば農地としての評価・課税です。

また、特定市街化区域内の農地等（納税猶予制度における特定市で、平成３年１月１日現在の特定市）では納税猶予制度の適用はできませんが、生産緑地に指定した農地等（都市営農農地等と言います）は納税猶予制度の対象となります（**29頁**参照）。

生産緑地の指定は、税制の特例がある農地等（農地及び採草放牧地）では進みましたが、森林や池沼では行為制限がある一方でそれに見合う税制特例がないため生産緑地の指定は極めて少ないという現状になっています。

本書では農地等を中心に生産緑地法の説明をしていくことにいたします。

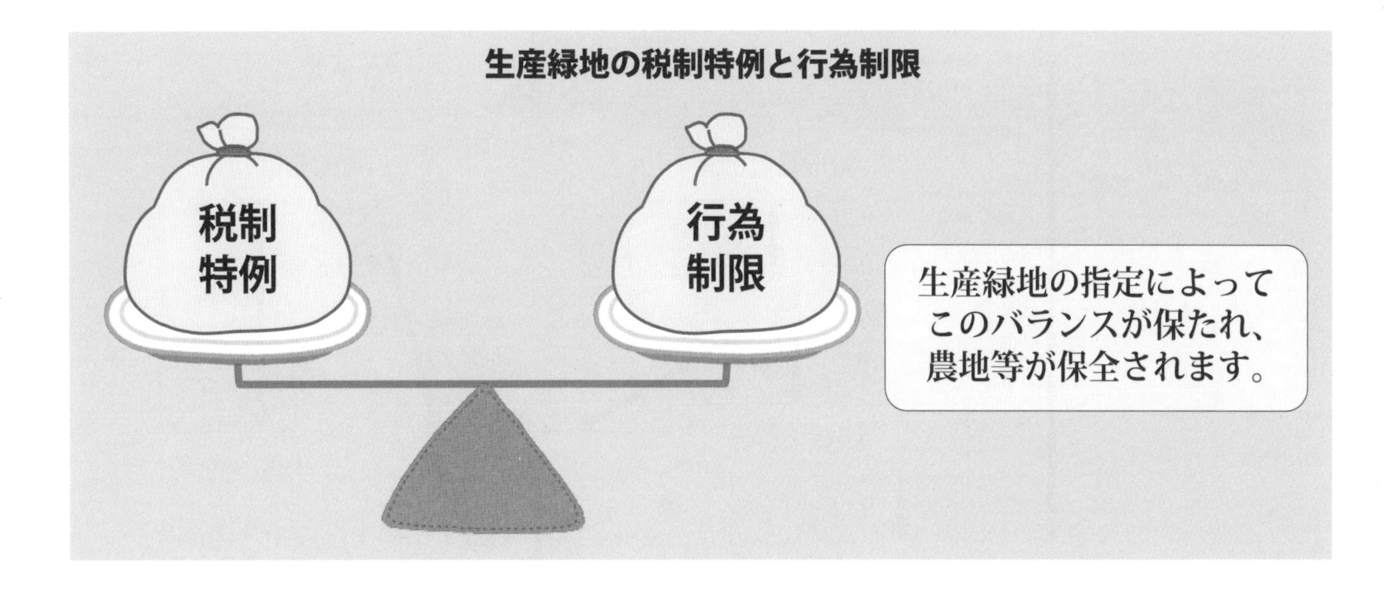

2）生産緑地に指定することができる土地等

（1）生産緑地の指定は市街化区域が対象

生産緑地に指定できるのは市街化区域（都市計画法第７条第１項の規定による市街化区域を言います）内にある土地です。

三大都市圏の特定市でなくとも市街化区域ならば、どの市町村でも生産緑地の指定は可能です。

（2）生産緑地に指定できる土地等

生産緑地法では、「現に農業の用に供されている農地若しくは採草放牧地、現に林業の用に供されている森林又は現に漁業の用に供されている池沼（これらに隣接し、かつ、これらと一体となって農林漁業の用に供されている農業用道路その他の土地を含む）」とされています。

また、「現に林業の用に供されている森林」には、木材等を生産する目的の森林のほか、落ち葉を利用してたい肥を作るために保全している森林も対象としています。

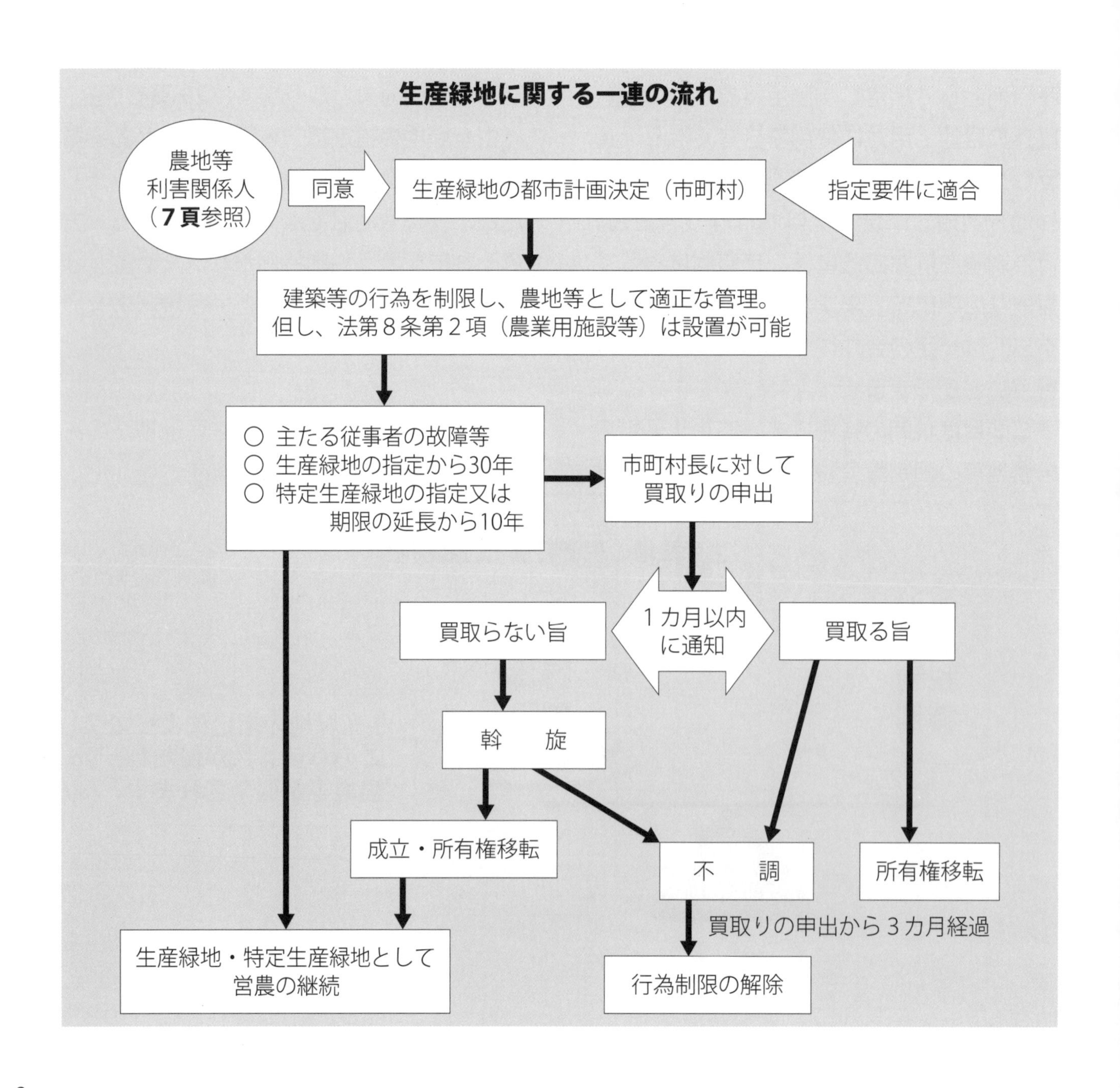

生産緑地に指定できる土地

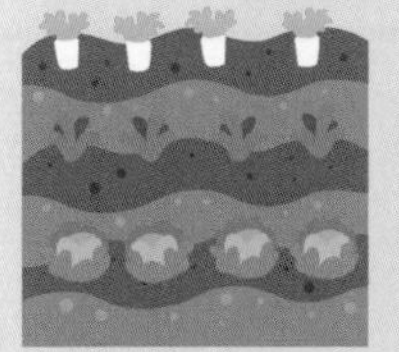

農地等　　森 林　　池 沼

- 現に農業の用に供されている農地等
- 現に林業の用に供されている森林
- 現に漁業の用に供されている池沼

（3）生産緑地に指定できる農地等

生産緑地は、農地等及び隣接して一体として使用される農業用の道・水路、及び、生産緑地法第８条において許容される施設の立地する土地を含めて指定することができます。

また、原則的には過去に転用の届出が行われた農地等は指定の対象とはなりませんが、将来とも営農の継続が認められる場合等では指定を可能としています。

> 現況農地等であっても、農地法第４条第１項第７号または第５条第１項第６号の規定による届出が行われているものは、生産緑地法第８条において許容される施設に転用される場合を除き、生産緑地地区に定めることは望ましくない。ただし、届出後の状況の変化により、現に、再び農林漁業の用に供されている土地で、将来的にも営農が継続されることが確認される場合等には、生産緑地地区に定めることも可能である。
>
> ［都市計画運用指針第 12 版　Ⅳ－２－１ Ⅱ）Ｄ 21．２（１）②ア抜粋］

３）生産緑地指定のメリット

生産緑地の指定を行った場合の主なメリットは次のように考えられます。

農地では固定資産税が農地課税となり、相続税納税猶予制度の適用が可能となるなど、直接的なメリットは農地所有者にありますが、広い視野でとらえたメリットは地域住民や市町村にも多くあります。

また、生産緑地に指定すると固定資産税が減額されますが、その減額分の 75%が普通交付税の対象となります。

（1）農業経営者のメリット

- 税制特例の対象となり固定資産税等が軽減される
- 特定市街化区域では対象とならない納税猶予制度の適用が可能
- 都市農地貸借法等の貸借により貸し手所有者にとっては農地の保全と継承がはかれる
  借り手農家にとっては経営展開（規模拡大やアンテナショップとしての利用等）がはかれる　　など

（2）市町村のメリット

- 特産化推進や食料自給率の一翼を担う
- 貸借による農業経営改善と農地の保全・有効利用
- 地域住民への農業啓発と理解醸成
- 食農教育や情操教育等、学校との連携・教育効果
- 一定の期間転用を抑制し、計画的街づくりが可能
- グリーンインフラの核としての役割
- コンパクトシティーの実現　　など

（3）地域住民のメリット

- 良好な景観と住環境
- 新鮮な食料や緑の確保
- 身近な防災空間
- 地域文化の継承　　など

4）生産緑地に指定した場合の税制特例

（1）固定資産税・都市計画税

生産緑地の指定により固定資産税・都市計画税は現況課税となるため、農地にあっては農地評価・農地課税となります。また、法第８条の許可を受けて設置された施設（**11 頁**）の土地については「生産緑地地区内の宅地」としての評価方法が適用され、農地等の価額に造成費相当額を加算した評価によって課税されることになります。

（2）相続税納税猶予制度

三大都市圏の特定市では都市営農農地等（生産緑地に指定された農地等）だけが納税猶予制度の適用対象となります。都市営農農地等では相続税納税猶予制度の免除要件の一つである「適用から 20 年経過による免除」の対象とはならないので、農業相続人の死亡、もしくは生前一括贈与によって免除となります。

なお、指定から 30 年が経過して「いつでも買取りの申出が可能」となった生産緑地の相続税納税猶予制度の取扱いについては、「特定生産緑地に指定しない場合の税制特例の取扱い（**23 頁**）」で説明しています。

また、生産緑地に指定された農地等は都市農地貸借法等の貸付けが可能で、当該貸付けをした農地等は納税猶予制度の対象となります。

都市農地貸借法等

都市農地貸借法には、**農地を利用する者に対して行う貸付け**と、**法人等が開設する市民農園開設目的の貸付け**（④）があります。

生産緑地で相続税納税猶予制度の対象となる貸借は、**都市農地貸借法の貸付け**のほか、一定の要件を備えた**特定農地貸付け**（**①②による市民農園の開設**）で、これらを含めて、本書では「都市農地貸借法等」と言います。

生産緑地と市民農園の４つの貸付けとの関係

	開設者		農地利用形態	納税猶予
特定農地貸付法	① 農地所有者（農地所有適格法人を含む）		所有（特定農地貸付法施行規則第１条第２項各号記載の協定書が必要）	○
	②	市町村	所有・貸借	○
		農業協同組合	貸借	
	③ 法人等（②を除く農地を持たない者）		貸借（市町村又は農地中間管理機構等を経由）	×
都市農地貸借法	④ 法人等（②を除く農地を持たない者。「特定都市農地貸付け」と言う）		貸借（直接農地所有者からの貸借。法第 10 条第２号に掲げる内容を記載した協定書が必要）	○

三大都市圏の特定市以外の市町村の市街化区域にあっては、生産緑地の指定がない農地等も相続税納税猶予制度の適用が可能であり、適用から 20 年経過による免除の対象となっています。しかし、平成 30 年９月１日（都市農地貸借法施行日）以降発生した相続では生産緑地について、この 20 年免除の対象とはなりません。

また、現在 20 年免除で適用を受けている農地等では都市農地貸借法等に基づく貸付けを行った場合には一括して適用を受けた生産緑地の全てが 20 年免除の対象から除外され、終身農地利用となります。

（3）相続税の評価

生産緑地に指定した農地等で、相続が発生した場合に買取りの申出ができないということは、その農地等は転用を目的とした譲渡等ができないので土地の価格に影響します。そこで、買取りの申出が出せるまでの期間によって一定の割合で評価の控除がなされています。

なお、イの「買取りの申出ができない」とは「買取りの申出を行わない」という広い意味ではなく、賃貸借の目的となっているなど所有者の意思の如何に関わらず買取りの申出ができない場合を指します。

イ　課税時期において市町村長に対して買取りの申出をすることができない生産緑地

課税時期から買取りの申出をすることができることになる日までの期間	割　合
５年以下のもの	100 分の 10
５年を超え 10 年以下のもの	100 分の 15
10 年を超え 15 年以下のもの	100 分の 20
15 年を超え 20 年以下のもの	100 分の 25
20 年を超え 25 年以下のもの	100 分の 30
25 年を超え 30 年以下のもの	100 分の 35

ロ　課税時期において市町村長に対して買取りの申出が行われていた生産緑地、又は買取りの申出ができる生産緑地　　割合：100 分の５

5）生産緑地地区の指定に積極的な対応を

全国的に多くの地域が人口減少局面に移行し、宅地需要が沈静化しつつある中、農地を転用した住宅供給の必要性は低下しています。また、生産緑地は身近な農業体験の場や防災空間などとして多様な機能を発揮することが期待されています。

国土交通省の運用指針では、良好な都市環境の形成や多面的な機能をもつ農地を保全する観点、また、都市農地貸借法の対象が生産緑地に限定されていることなどから、生産緑地の指定について積極的な対応を求めています。

特に、特定市以外の市街化区域では税負担の軽減や担い手の不足などに対応するためにも、生産緑地の指定促進が重要な課題となっています。

三大都市圏の特定市の市街化区域農地等に係る固定資産税等の課税の適正化と併せた生産緑地地区に関する都市計画決定については、平成４年末に完了している。

一方で、その後の人口減少・高齢化の進行や、緑地の減少を踏まえ、身近な緑地である農地を保全し、良好な都市環境を形成するため、**生産緑地地区を追加で定めることを検討すべきである**。また、**三大都市圏の特定市以外の都市においても**、本制度の趣旨や、コンパクトなまちづくりを進める上で市街化区域農地を保全する必要性が高まっていること、都市農地の貸借の円滑化に関する法律による貸借の対象が生産緑地地区の区域内の農地に限定されていることを踏まえ、**新たに生産緑地地区を定めることが望ましい**。

[都市計画運用指針第 12 版　Ⅳ－２－１ II）D 21. ２（１）③抜粋]

2 生産緑地

1）生産緑地の指定（生産緑地法第３条～第６条）

（1）生産緑地の指定の手順

生産緑地は都市計画としての位置づけから、農地等の継続性や緑地機能等を重視し、農地等を生産行為のある緑地として、①都市計画決定権者（市町村長）が、②都市計画の絵を描き（計画作り）、③農地等利害関係人の同意を得て、指定することになっています。

農地等利害関係人（「関係権利者」とも言います）

○　農地等について所有権を有する者
○　対抗要件を備えた地上権、賃借権、登記されている永小作権、先取特権、質権、抵当権を有する者及びこれらの権利に関する仮登記もしくは差押えの登記又は農地等に関する買戻しの特約の登記の登記名義人

しかし、この手順では市が計画作りをした後に所有者等の同意が得られなかったときにその計画は白紙に戻ってしまいます。そのような事態を回避するため、一般的には生産緑地の指定を希望する農地等の所有者が市町村に相談し、農地等に所有権以外の権利がある場合にはその権利者の同意を得て、指定の手続きに進みます。

生産緑地は、営農行為等により初めて緑地としての機能を発揮する農地等の性格から営農等の継続を前提としているので、農地所有者や農林漁業に従事している者の意向を十分に尊重することが望ましい。　[都市計画運用指針第 12 版　Ⅳ－２－１ II）D 21．1（２）抜粋]

なお、第一種生産緑地については、すでに買取りの申出が可能となる指定から 10 年の期間を超えているのでいつでも買取りの申出を行えますが、買取りの申し出を行うまでは生産緑地法第８条の行為制限及び税制の特例は継続されています。第一種生産緑地には申出基準日がないため特定生産緑地（**19 頁**）に指定することはできませんが、税制特例や都市農地貸借法等の適用については指定から 30 年経過前の生産緑地及び特定生産緑地と同様の扱いとなります。

第一種生産緑地・第二種生産緑地とは

昭和 49 年に施行された生産緑地法は市街化区域内において土地区画整理事業など都市的土地利用の進捗状況並びに農地の面的まとまり等によって、長期的に農地を保全する第一種生産緑地と、短期的な保全とする第二種生産緑地との２種類の生産緑地地区を指定しました。

第二種生産緑地は指定から 10 年で失効し１回に限り延長することができました。旧法の指定が平成３年に終了しているので、現在、第二種生産緑地は存在していません。

第一種生産緑地は期限の定めがなく、指定から 10 年経過すると、以降はいつでも買取りの申出ができます。平成３年改正法の施行により第一種生産緑地地区は改正した生産緑地地区に指定の変更をするよう促しましたが、判断は農地所有者等に委ねられたので、その多くが平成４年以降も第一種生産緑地として残り、現在に至っています。

（2）生産緑地の指定基準等

生産緑地の指定は法令に基づき、都市計画運用指針に沿って市町村が定める「生産緑地地区指定基準・指定要件」等の条件に適合したところを指定します。その中で、法令に基づく主要な要件は次の通りです。

① 面積

生産緑地地区の規模要件は500㎡以上（これら農地等に隣接し、かつこれらと一体となって農業の用に供されている農業用道路、農業用水路及び同法第８条において許容される施設の立地する土地についてはその道・水路及び施設用地も生産緑地の地区に含めて指定できます）を原則としつつ、地域の実情に応じて市町村条例により300㎡から500㎡未満の範囲で下限を定めることができます。

また、この面積要件は「一団のものの区域」となっており、「一団」とは物理的に一体的な地形的まとまりを原則としていますが、道路や河川等が介在している場合には幅員６ｍ程度までであれば、一団の農地等として取り扱うことが可能です（一般の道路や河川等は生産緑地地区の区域に含めることはできません）。

さらに、市街化が進んでいるような地域では市町村が適宜判断して、物理的に一体となっていなくとも同一又は隣接する街区に存在する複数の農地等を一団として生産緑地地区に指定できることとしています。ただし、個々の農地等の面積は100㎡以上です。

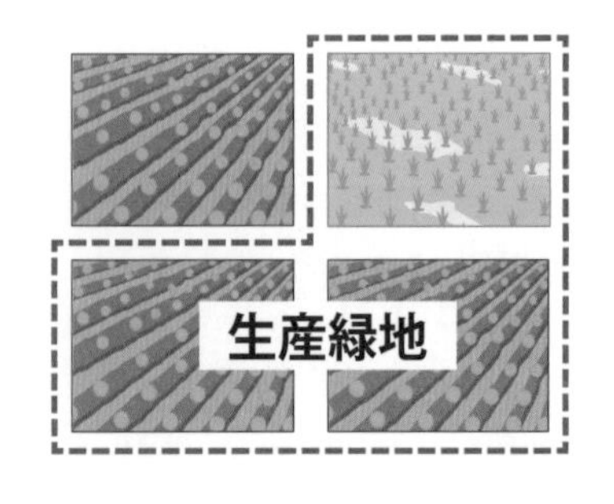

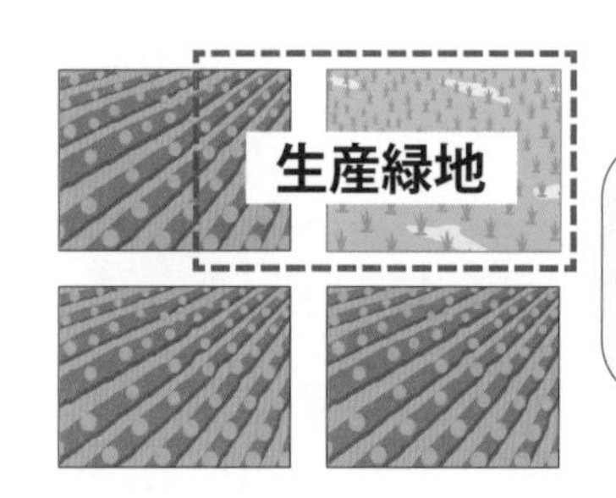

生産緑地の指定は、所有農地の一部でも、筆の一部でもできます。
（指定基準等に沿って指定します。）

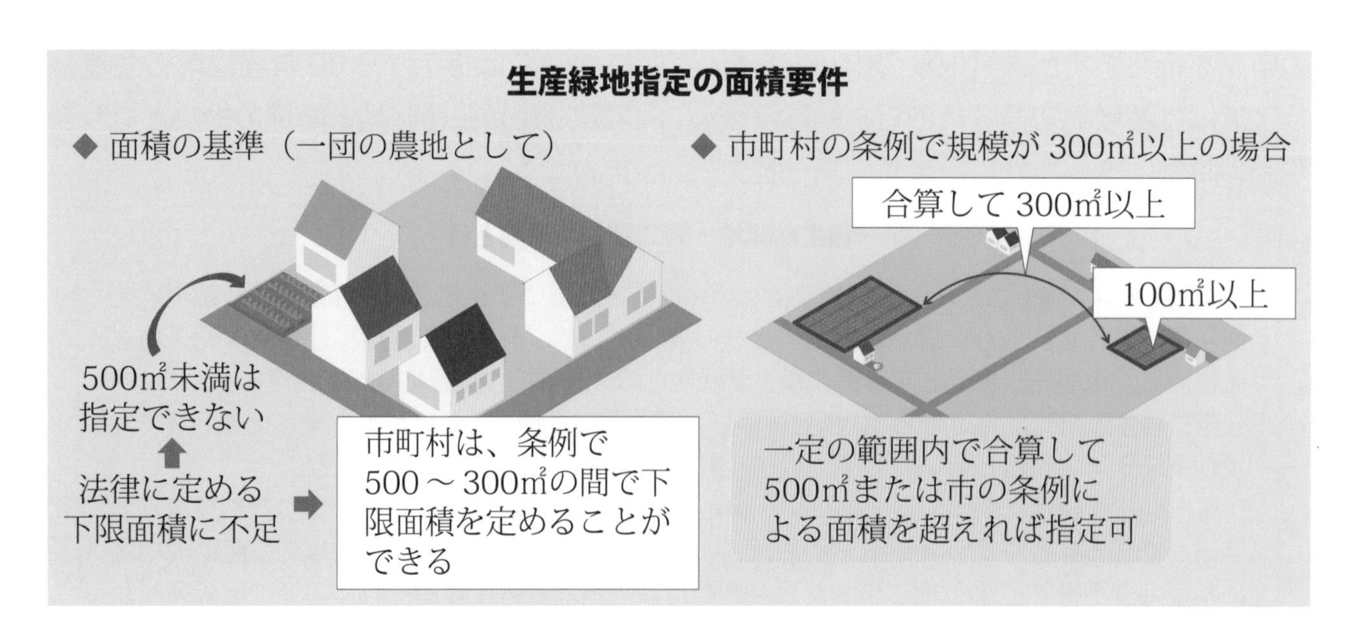

② 農業の継続

用排水その他の状況が農業の継続可能な条件を備えており、現に農業の用に供されている農地等で生産緑地地区の指定ができます。また、何らかの理由により一時的に休耕状態であっても、容易に耕作でき、今後耕作が継続される見込みであれば指定できることとされています。

一方で、現況が農地等であっても農地の転用届出（農地法第４条第１項第７号または第５条第１項第６号の規定による届出）が行われているものは、生産緑地法第８条で許容される施設を除き、生産緑地地区に指定することができません。しかし、転用の届出がなされた農地等でも現に農業の用に供されており将来的にも営農が継続されることが確認される場合等は、生産緑地地区の指定をしても差し支えない旨が都市計画運用指針で示されています（**3頁**参照）。

③ 公共施設等の敷地に適していること

生産緑地に指定された農地等の所有者から買取りの申出があった場合には、市町村は時価で買い取り、公共施設等として活用することとなっています。そこで、多くの市町村で道路に接していることや急な傾斜地でないこと等を指定要件としています。

なお「公共施設等の敷地に適している」とは、公共施設等とすることができる土地を広く意味しており、公共施設等の予定地としてあらかじめ保全する必要がある土地のみに限定しているものではありません。

④ 他の都市計画との調整

生産緑地は他の地区計画等との整合性を保つため、高度利用地区や特定街区その他の指定区域で土地利用との調整を図る上で望ましくない地域には原則的に指定することはできません。また、公共の土地利用に関する事業や計画との調整も必要です。

（3）標識の設置

指定された生産緑地地区には、その地区が生産緑地地区である旨を明示するために市町村が標識を設置します。

農業委員会の役割

市町村長は生産緑地地区に関する都市計画の決定、変更又は廃止（一団性の認定を含む。）に際し、生産緑地地区内の土地が生産緑地法第２条第１号に規定する農地等に該当しているかどうかについて農業委員会の意見を聴くことになっています。農業委員会は現地調査などによって確認し、回答します。

また、生産緑地地区の指定には農地等利害関係人の同意が必要なので、当該農地等の貸借等権利関係についても確認する必要があります。

遊休農地対策は農業委員会と都市計画担当部局が連携して調査・指導等を行います。さらに、市町村長は生産緑地の耕作者等からの求めに応じて農地等の管理に必要な助言、土地の交換のあっせんその他の援助を行うこととされていますが、その際にも農業委員会に協力を求めることとしています（生産緑地法第７条、第17条の二）。

2）生産緑地地区内における行為の制限（生産緑地法第８条）

（１）生産緑地の行為制限

生産緑地法第８条第１項では「生産緑地で、①建築物その他の工作物の新築・改築又は増築、②宅地の造成・土石の採取その他の土地の形質の変更、③水面の埋立て又は干拓、の行為は市町村長の許可を受けなければ、してはならない（行為制限）」としており、許可が可能な施設等については同条第２項に限定列挙されています。また、同条第９項では仮設の工作物や軽易な農業用施設等、政令に定めるものは許可なく設置等ができることとされています。

これは、生産緑地法第８条第２項・第９項に示されているもの以外の、あらゆる開発・転用等の行為ができない、ということです。

行為制限に違反すると、市町村長から原状回復命令（**13 頁**）が出されることとなっており、もとの農地等に復元したうえで営農を継続しなければなりません。

行為制限は、買取りの申出（**13 頁**）を行った日から３カ月以内に所有権の移転が行われなかったときに解除されます。

生産緑地法第８条の「行為制限」

◆ 次の行為は市町村長の許可を受けなければ、してはならない（第８条第１項）。

① 建築物その他の工作物の新築、改築又は増築

建築物の新築、
増・改築

② 宅地の造成、土石の採取その他の土地の形質の変更

宅地造成

土石の採取、
形質変更

③ 水面の埋立て又は干拓

埋立て・干拓

（2）生産緑地地区内での許可が可能な施設等

生産緑地法第８条第２項で「市町村長は次に掲げる施設の設置又は管理に係る行為で、良好な生活環境の確保を図る上で支障がないと認めるものに限って、第１項の許可ができる」としています。

この「設置の許可ができる施設等」は、その性質や目的から三つに分かれています。

生産緑地法第８条第２項の許可ができる施設

◆ 次に掲げる施設の設置又は管理に係る行為は許可することができる。
ただし、良好な生活環境に支障がないものに限る（法第８条第２項）。

農業用施設
◆ 生産・集荷施設
◆ 貯蔵・保管施設
◆ 上記共同利用施設 等

6次産業化施設
◆ 製造・加工施設
◆ 販売施設
◆ 農家レストラン 等

政令による施設
（現在は市民農園施設のみ）
◆ 講習施設
◆ 管理施設
◆ 休憩施設 等

① 農産物等の生産又は集荷の用に供する施設（法第８条第２項第１号）

生産緑地で農業を営むために必要となる次に掲げる施設で、条文から「１号施設」と呼ばれています。

イ　農産物等の生産又は集荷の用に供する施設
ロ　農林漁業生産資材の貯蔵又は保管の用に供する施設
ハ　農産物等の処理又は貯蔵に必要な共同利用施設
ニ　農林漁業に従事する者の休憩施設（休憩所、あづまや、便所等農業従事者の休憩等に必要な施設。市民農園の入園者の休憩施設を含む）

なお、施設等が設置されている土地の納税猶予制度の適用は当該施設等の性質や利用状況等によって異なります。一般的には、農業用施設は適用後に転用した場合に期限の確定になりませんが、新規の適用時にはその施設が設置されている土地は農地ではないので納税猶予制度の対象となりません。また、共同利用施設は納税猶予制度の対象とならず適用中の転用であれば期限の確定になります。

② 農産物等の加工・販売等を目的とした施設（法第８条第２項第２号の施設）

生産緑地の保全に支障を及ぼすおそれがなく、かつ、当該生産緑地における農業の安定的な継続に資することを目的とした一定の基準に適合する施設で、「２号施設」と呼ばれています。

これらの、いわゆる「農業の六次産業化施設」は農業収入の途を広げ経営の安定化を通じて農地の安定的な保全に資することを目的に設置が認められるものです。

２号施設の許可には、当該生産緑地及び周辺の地域内で生産された農産物が量的または金額的に多いこと、設置・管理は当該生産緑地の主たる従事者であること、２号施設の敷地を除いた生産緑地地区内の土地の面積が下限面積以上であり２号施設の合計が生産緑地地区の面積の２割以下であることなどの要件があり、設置後これらに適合しなくなった場合は原状回復命令の対象となります。

イ　当該生産緑地地区及びその周辺の地域内において生産された農産物等を主たる原材料として使用する製造又は加工の用に供する施設

ロ　イの農産物等又はこれを主たる原材料として製造され、若しくは加工された物品の販売の用に供する施設

ハ　イの農産物等を主たる材料とする料理の提供の用に供する施設（農家レストラン）

なお、これらの施設等が設置されている土地は納税猶予制度の対象にはなりません。これら施設が設置されている土地は生産緑地であっても納税猶予制度の新規適用が受けられず、既に適用を受けている農地等に設置した場合は期限の確定となります。

③ 政令で定める施設（法第８条第２項第３号）

前二号（前記①②）に掲げるもののほか、政令に委ねられている施設があり、「３号施設」と呼ばれています。

現在は、いわゆる市民農園施設だけが政令に定められており、「農作業の講習の用に供する施設」「管理事務所その他の管理施設」となっています。また、休憩施設は1号施設として許可できることとされています。

なお、３号施設が設置されている土地の納税猶予制度は１号施設と同様の扱いとなります。

（3）許可が不要な施設

生産緑地法第８条第９項では、「通常の管理行為、及び軽易な行為等で政令で定めるものについては、生産緑地法第８条第１項で制限されている行為であっても許可を得ることなく、行うことができる」としています。

この中で、特に農業経営に関係が深いものは、「90㎡以下の１号・２号施設」です。３号施設はこの対象となっていないので注意が必要です。

所有者が自身の農地に農業用施設等を設置しようとする場合、農地法や納税猶予制度との関係もあるので、面積の如何に関わらず事前に農業委員会に相談するよう周知するとともに、その対応が必要です。

生産緑地法第８条第９項の許可が不要な施設

政令で定めるもの	◆ 仮設の工作物、水道管等地下の設置 ◆ 法令等による義務の履行 ◆ 90㎡以下の１・２号施設 ◆ 幅員２ｍ以下の農業用道・水路 ◆ 農地造成のための形質変更・埋め立て

農業委員会の役割

農地法による転用の制限と生産緑地法の行為制限との連携を確保するため、生産緑地法第８条第１項による許可申請があった場合には都市計画担当部局は農業委員会に報告し、農地法第４条の届出があった場合には農業委員会は都市計画担当部局に報告することとなっています。農地等の保全管理と法・制度の適正な運用について、農業委員会と都市計画関係の部局は相互に連携することが必要です。

また、相続税納税猶予制度との関係についても確認し、必要に応じて農地所有者等に連絡・説明しておきましょう。

3）生産緑地の原状回復命令等（生産緑地法第９条）

行為制限に違反した者又は許可条件に違反した者に対して、市町村長は原状回復等（原状回復、又は原状回復が著しく困難な場合には変わるべき措置）を命じます。

現状回復等の命令が出た場合、所有者等は生産緑地を農地等に復元するなど命令に従い、耕作を継続しなければなりません。期限までに原状回復等を行わないときは行政代執行も伴う極めて強い是正措置です。

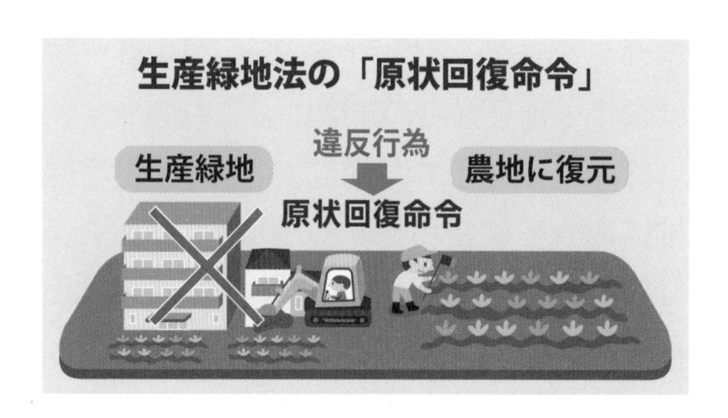

4）生産緑地の買取りの申出（生産緑地法第 10 条、第 11 条～第 13 条）

生産緑地に指定された農地等の転用もしくは転用目的の譲渡等は、行為制限が解除された後でなければできません。それでは、行為制限が解除されるのはいつでしょうか。

生産緑地法第 14 条では「行為制限は第 10 条の買取りの申出から３カ月以内に所有権の移転が行われなかつたときは解除する」としています（**18 頁**）。

つまり、買取りの申出を行って３カ月が経過した後でなければ自己都合の転用や転用目的の譲渡等はできない、ということです。生産緑地に指定した農地等は**「いつから転用ができるか」**ではなく**「どのようなときに買取りの申出ができるか」**を理解する必要があるのです。

この「買取りの申出」は、所有者等が生産緑地を維持できないときに、市町村が優先的に都市計画の目的に沿った利用を行えるよう、先買権を付与したものです。

（1）生産緑地法に定められた期間と買取りの申出

生産緑地は、法に定められた期間を経過すると「買取りの申出」を行うことができます。

これは、「定められた期間、農業を継続する」という約束のもとで生産緑地の指定を受けた農地等について、その期間が満了したことに伴う措置です。

したがって、その土地の年数ですから、例え農地としての形態（水田から畑作へ、露地栽培からハウス栽培へ、等）が変わっても、作っている人（相続で親から子へ、譲渡により第三者へ、等）が代わっても、そのことには関係なく、その生産緑地の指定からの年数、特定生産緑地（**19 頁**）では指定・延長からの年数によるものです。

この「定められた期間」とは、「生産緑地にあっては告示日から 30 年、特定生産緑地にあっては『申出基準日』もしくは『指定期限日』から 10 年」となっています。

「申出基準日」とは生産緑地の指定の告示日から起算して 30 年を経過する日、「指定期限日」とは申出基準日もしくは指定期限日（「期限の延長」の際の直前の指定期限日）から起算して 10 年を経過する日です。

定められた期間を経過すると「いつでも買取りの申出ができる」ことになります。

つまり、生産緑地は指定（告示日）から 30 年が経過して特定生産緑地に指定していない場合には、それ以降いつでも買取りの申出ができます。特定生産緑地は指定から 10 年毎の特定生産緑地の期限の延長を行わないときは、それ以降いつでも買取りの申出ができるようになります（**22 頁**）。

別の見方をすれば、生産緑地の指定から 30 年間、さらに特定生産緑地の指定・延長をしている間は原則的に買取りの申出ができないことになります。

このように、定められた期間内の生産緑地は、経済的理由等農地所有者の都合や意向による「買取りの申出＝生産緑地の終了」を原則的には認めていません。

買取り申出の原則＝約束した期間の経過

◆ 買取り申出は定められた期間の経過（＝約束した期間の満了）後はいつでも可能

◆ 例え農地が水田から畑に、又は、作っている農産物が変わっても定められた期間の経過後は買取りの申出が可能
◆ 例え耕している人が親から子へ、又は、売買等で所有者が代わっても定められた期間の経過後は買取りの申出が可能

（2）主たる従事者の故障等による買取りの申出

　定められた期間を経過するまでの間、原則的には買取りの申出は認められていませんが、例外的に「主たる従事者の死亡や生産緑地法施行規則第５条（**16頁**）で定める故障（以降、単に「故障等」と言います）」があった場合には買取りの申出ができることとなっています。

　この、定められた期間の経過以前に行う買取りの申出は、主たる従事者の故障等によって生産緑地が良好に維持できなくなった場合に「その維持できない生産緑地について買取りの申出ができる」という例外的な措置として認められているものです。

　なお、農林漁業の主たる従事者には同法施行規則第３条（**16頁**）で定めるところにより算定した割合以上従事している者を含みます。

　同法施行規則第５条第２号にある「その他の事由」としては、主たる従事者が養護老人ホームや特別養護老人ホームに入所する場合、著しい高齢となり運動能力が著しく低下した場合等も含まれます。

　なお、これらの認定にあたっては「医師の診断書、院長の証明書等により農林漁業の継続が事実上不可能であるかどうかを適正に判断すること」と、されています。

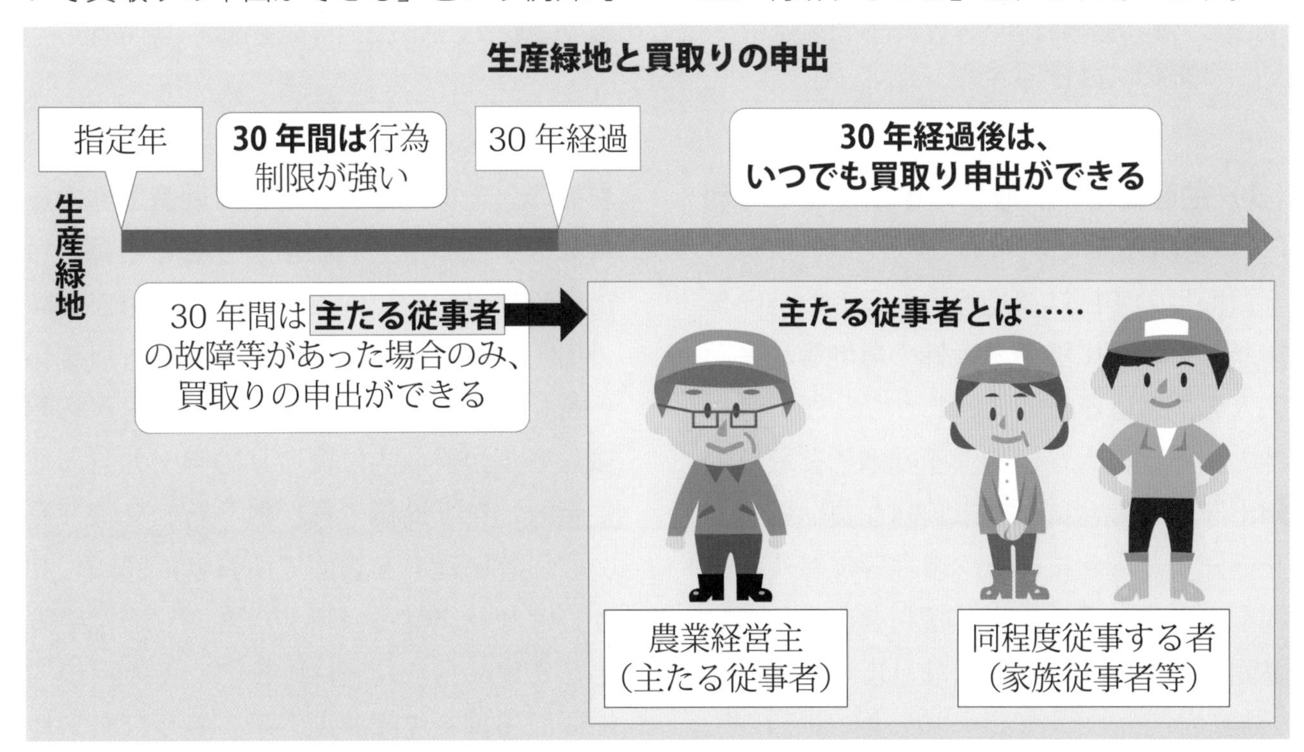

買取り申出のもう一つの「理由」＝主たる従事者の故障等

◆ 定められた期間※を経過しないと買取り申出はできないか
　→ 法で定めた**理由**に該当すれば、買取り申出ができる

◆ 買取り申出ができる**理由**
　主たる従事者（同程度の従事者も含む）の死亡・故障**（「故障等」と言います）**
　→ 労働力不足で生産緑地が維持できない

※「定められた期間」とは、生産緑地は指定から30年
　特定生産緑地は指定・期限延長から10年

農林漁業に従事することを不可能にさせる故障等（生産緑地法施行規則第５条抜粋）

一　次に掲げる障害により農林漁業に従事することができなくなる故障として市町村長が認定したもの

イ　両眼の失明

ロ　精神の著しい障害

ハ　神経系統の機能の著しい障害

ニ　胸腹部臓器の機能の著しい障害

ホ　上肢若しくは下肢の全部若しくは一部の喪失又はその機能の著しい障害

ヘ　両手の手指若しくは両足の足指の全部若しくは一部の喪失又はその機能の著しい障害

ト　イからヘまでに掲げる障害に準ずる障害

二　一年以上の期間を要する入院その他の事由により農林漁業に従事することができなくなる故障として市町村長が認定したもの

国土交通省令で定めるところにより算定した割合（生産緑地法施行規則第３条抜粋）

一　次号に掲げる生産緑地以外の生産緑地にあつては、次に掲げる割合

イ　主たる従事者が 65 歳未満である場合は、１年間に従事した日数の８割

ロ　主たる従事者が 65 以上である場合は、１年間に従事した日数の７割

二　都市農地貸借法等の貸付けがされている都市農地にあつては、主たる従事者が１年間に従事した日数の１割

（3）生産緑地の買取りの申出と農地等利害関係人

買取りの申出は農地等の所有者が行いますが、その際に所有者以外の農地等利害関係人の同意は不要です。しかし、所有者以外の利害関係人がいる生産緑地で買取りの申出をする場合には「市町村が買い取る旨を通知した場合に、その農地等に有する権利を消滅させる旨の当該権利を有する者の書面」を添付しなければなりません。

（4）生産緑地の買取り等

買取りの申出があった場合に、その土地が特別な買取りの相手方が定められている場合（例えば公園用地や都市計画道路として国又は地方公共団体が取得することとなっている等）を除き、市町村長は時価で生産緑地を買い取ることになっています。

この場合の時価とは農地として利用する場合の価格ではなく、不動産鑑定士、官公署等の公正な鑑定評価を経た近傍類地の正常な取引価額や公示価格を考慮して算定した相当な価額で買取ることとしています。

市町村長は特別な買取りの相手方が定められた場合を除き、申出があった日から起算して１カ月以内に買取りの申出のあった生産緑地を「時価で買い取る旨」又は「買い取らない旨」を書面で所有者に通知しなければなりません（特別な買取りの相手方として定められた者は同様に、１カ月以内に買取る旨を生産緑地の所有者及び市町村長に通知しなければなりません）。

市町村等が買い取る旨の通知をした場合、時価について生産緑地の所有者と協議して定めることになりますが、収用委員会に土地収用法の規定による裁決を申請することができます。

市町村が買い取らない旨の通知をした場合は、生産緑地の継続が図られるよう買取りの申出のあった生産緑地について、農業

に従事することを希望する者が取得できるよう、あっせんに努めることになります。

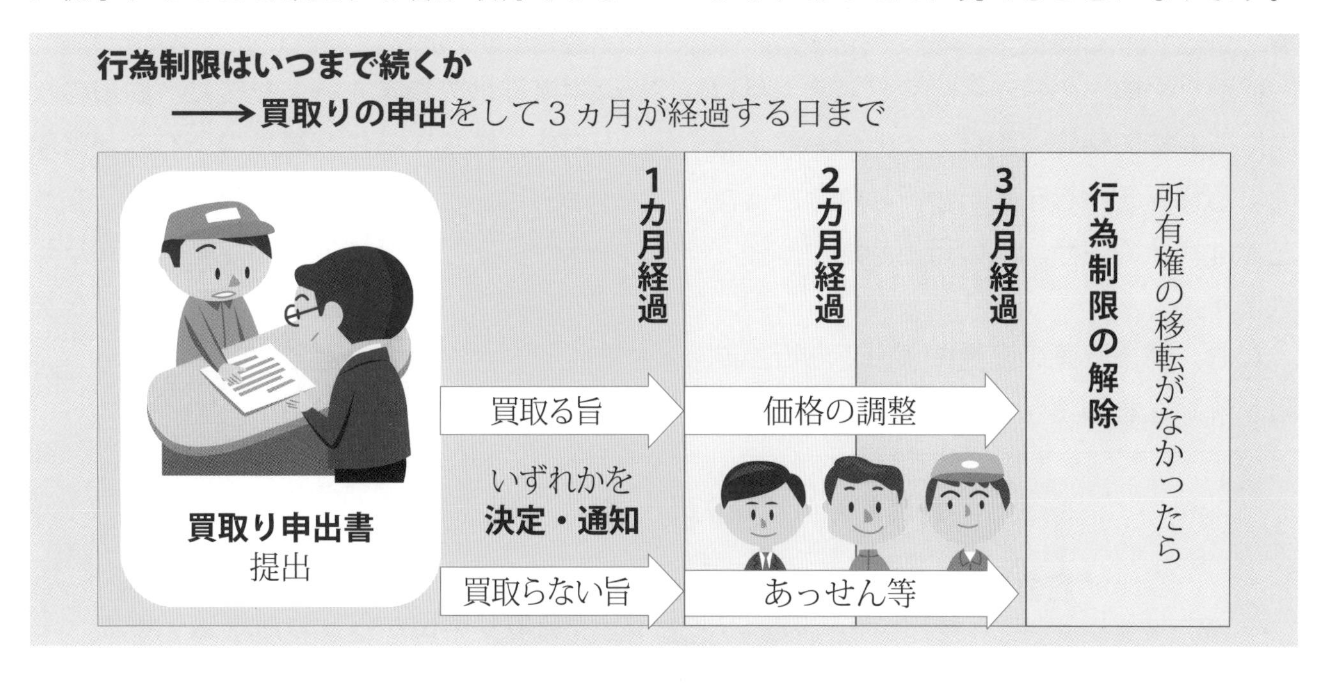

農業委員会の役割

1　主たる従事者証明

主たる従事者の故障等による買取りの申出を行う際には、当該生産緑地に係る農業の主たる従事者（国土交通省令第３条により算定した割合以上の従事者を含む）に該当することについて、農業委員会の証明書を添付することになっています。

主たる従事者の農業従事には、耕起や播種・収穫等の労働だけではなく、作目や播種時期の決定及び作業内容の選定などの経験や知識を活かした管理的な作業も含まれています。

なお、同施行規則第３条第２号にある都市農地貸借法等の貸付けの場合、都市計画運用指針に「これらの貸付けが行われた場合であっても、周辺の生活環境と調和を取りつつ農地の利用を図る観点から、貸主が農林漁業に一定の役割を果たすことも想定されるため、これらの業務に主たる従事者の従事日数の１割以上従事している者も含まれる。」としており、その従事者は当該農地の所有者に限られています。また、従事内容は周辺の住環境等に配慮した当該農地及び周囲の見回りや状況・苦情の借受人への通知等の対応も含まれます。

農業委員会は、状況を確認したうえで証明書を発行します。

2　生産緑地のあっせん

市町村長は、買取りの申出のあった生産緑地を買取らない旨の通知を行った場合に、農業を希望する者が取得できるようあっせんに努めることとなりますが、その際、農業委員会に協力が求められます。

この「あっせん」を効果的に行うためには、農業委員会はその都度対応するのではなく、地域における農地の保全と有効利用が図られるよう規模拡大を志向する農家や新規就農希望者、代替地取得の希望等の情報をまとめ、いつでも対応できるよう常日頃から準備しておく必要があります。

5）行為制限の解除（生産緑地法第 14 条）

買取りの申出の日から起算して３カ月以内に所有権の移転（相続その他の一般承継による移転を除きます）が行われなかったときは、その生産緑地の行為制限が解除されます。

なお、都市計画の変更によっても行為制限が解除される場合があります。具体的には生産緑地の指定を行った後に、周辺の状況変化（隣接する生産緑地の所有者が買取りの申出を行い面積要件を欠くことになった場合等）で生産緑地の指定基準を満たせなくなった結果、生産緑地地区の指定を廃止するような場合などです。

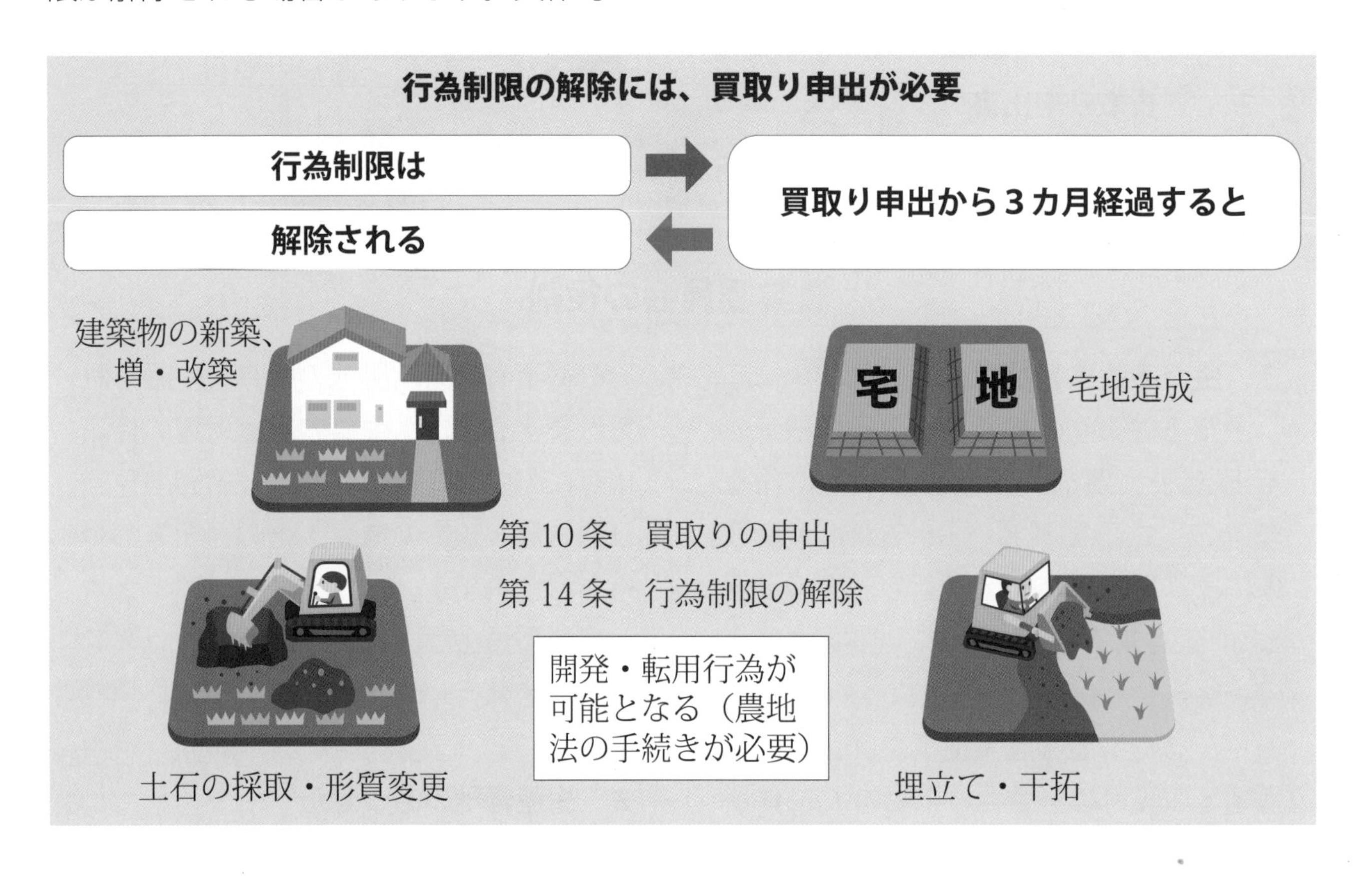

農業委員会の役割

1　生産緑地地区の変更･廃止の際の意見

市町村長が生産緑地地区の都市計画を変更または廃止する際には農業委員会の意見を聴くことになっています。農業委員会は現地の状況等を踏まえて意見を述べます。

2　生産緑地法の許可と農地法の届出

生産緑地に指定されている農地等の転用もしくは転用目的の譲渡等を行う場合には事前に生産緑地の行為制限の解除と農地法に基づく転用等の届出について手続きが必要です。

特に特定生産緑地の指定・延長を行わずに宅地並みの課税となった生産緑地の所有者には、これらの手続きが必要な旨を周知するようにしましょう。

3 特定生産緑地

1）特定生産緑地の概要

平成３年に改正された生産緑地法では、生産緑地は指定（告示日）から30年が経過すると「いつでも買取りの申出ができ、買い取りの申出から３カ月が経過するといつでも農地を転用できる」ことになり、それは「税制特例を行う必要性がなくなる」ということにつながります。平成３年改正法に基づき平成４年に指定を開始した生産緑地の30年経過が迫る中で、税制特例を継続するための法改正が行われました。

生産緑地法は平成29年の改正によって、指定から30年が経過する生産緑地について農地等利害関係人（農地所有者等）の意思を確認し、「10年毎の規制の延長＝税制特例の継続」が可能な 「二階部分」を重ねて指定できる制度となりました。この二階部分を「特定生産緑地」と言います。

行為制限や買取りの申出、税制特例などの内容は「30年経過前の生産緑地」と、基本的に同じです。

一階部分にあたる従来の生産緑地地区としての指定は、30年経過後も買取りの申出を行うまでは継続します。

平成29年の法改正以降に新たに指定される生産緑地も含めて、最初の指定は一階部分（従来の「約束の期間が30年」）の生産緑地で行い、30年が経過する時点で生産緑地の所有者等は「特定生産緑地」を二階部分として上乗せするか、否かの判断をすることになります。

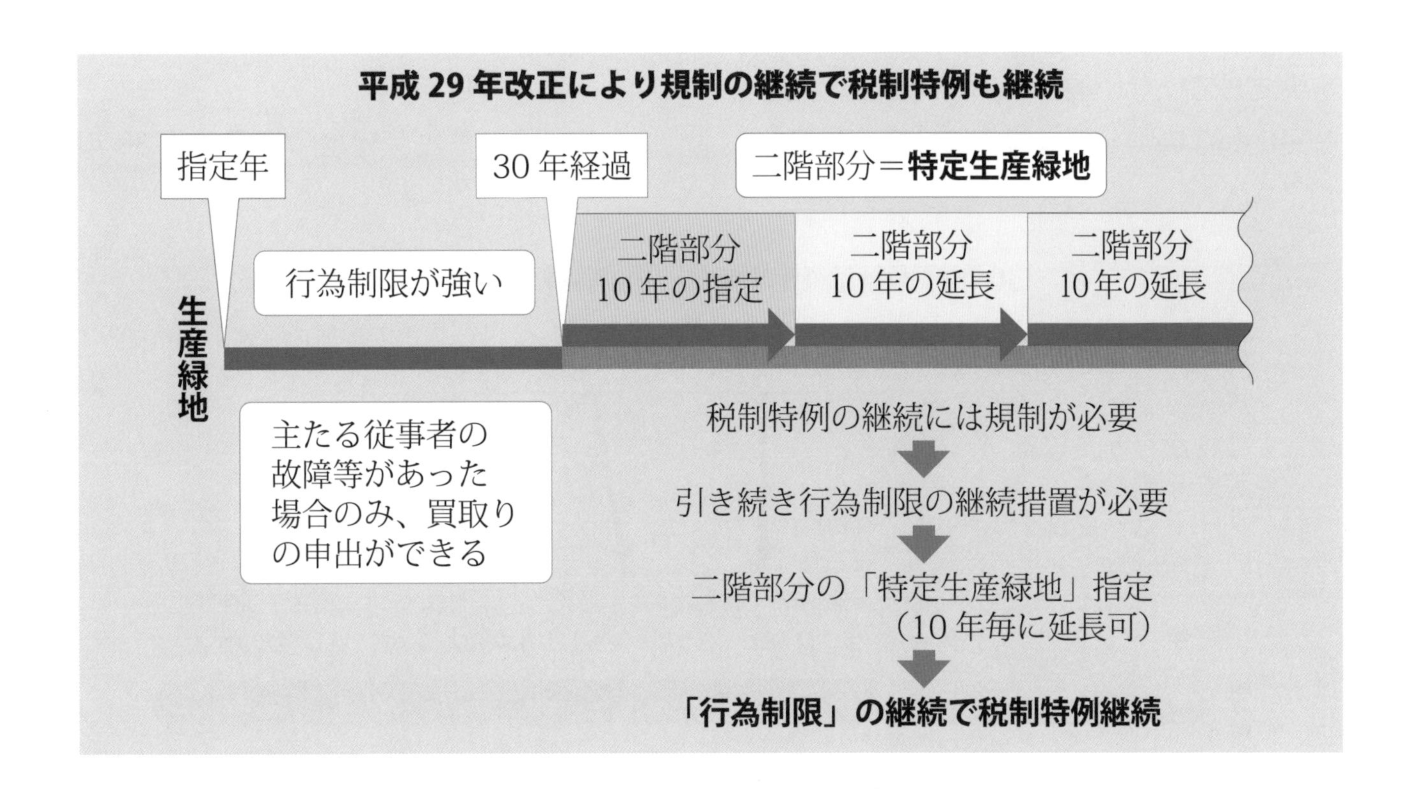

2）特定生産緑地の指定と延長（生産緑地法第10条の2～第10条の4）

（1）特定生産緑地の指定

市町村長は、申出基準日（生産緑地の告示日から30年を経過する日）が近くなる生産緑地について、申出基準日以後も都市農地の持つ多面的な機能が継続して発揮されるよう、農地等利害関係人の同意を得て特定生産緑地の指定を行うことができることとされています。

特定生産緑地の指定は申出基準日までに行わなければならないので、その手続きは対象が多い市町村にあっては前年もしくは前々年から開始することもあります。平成4年に指定した生産緑地の30年が経過する5年前である平成29年に法改正を行ったのは、改正法の趣旨と内容及び関係税制について広く周知するためです。市町村も対象となる生産緑地の所有者等に対する説明と、判断するに十分な期間を考慮し手続きを進めていく必要があります。

また、特に耕作放棄等によって緑地機能を果たしていない場合や都市計画上の大きな変化がない限り、一般的には特定生産緑地の指定に当たって所有者に対して意向を調査・確認し、その上で指定の手続きを進めていきます。

（2）特定生産緑地の指定の期限の延長

特定生産緑地の指定の期限は10年です。農地の所有者は10年毎に「特定生産緑地の延長＝税制特例と行為制限の継続」か、「延長しない＝税制特例の対象外として、いつでも買取りの申出を可能とする」か、を選択します。

申出基準日から10年を経過する日が近くなった特定生産緑地について、その後も更に特定生産緑地として継続（「指定の期限の延長」と言います）することができます。この場合も特定生産緑地の指定と同様に農地等利害関係人の同意が必要です。この延長からさらに10年経過する特定生産緑地についても指定の期限の延長をすることができます（そのたびに農地等利害関係人の同意が必要です）。

このように、生産緑地の指定から30年

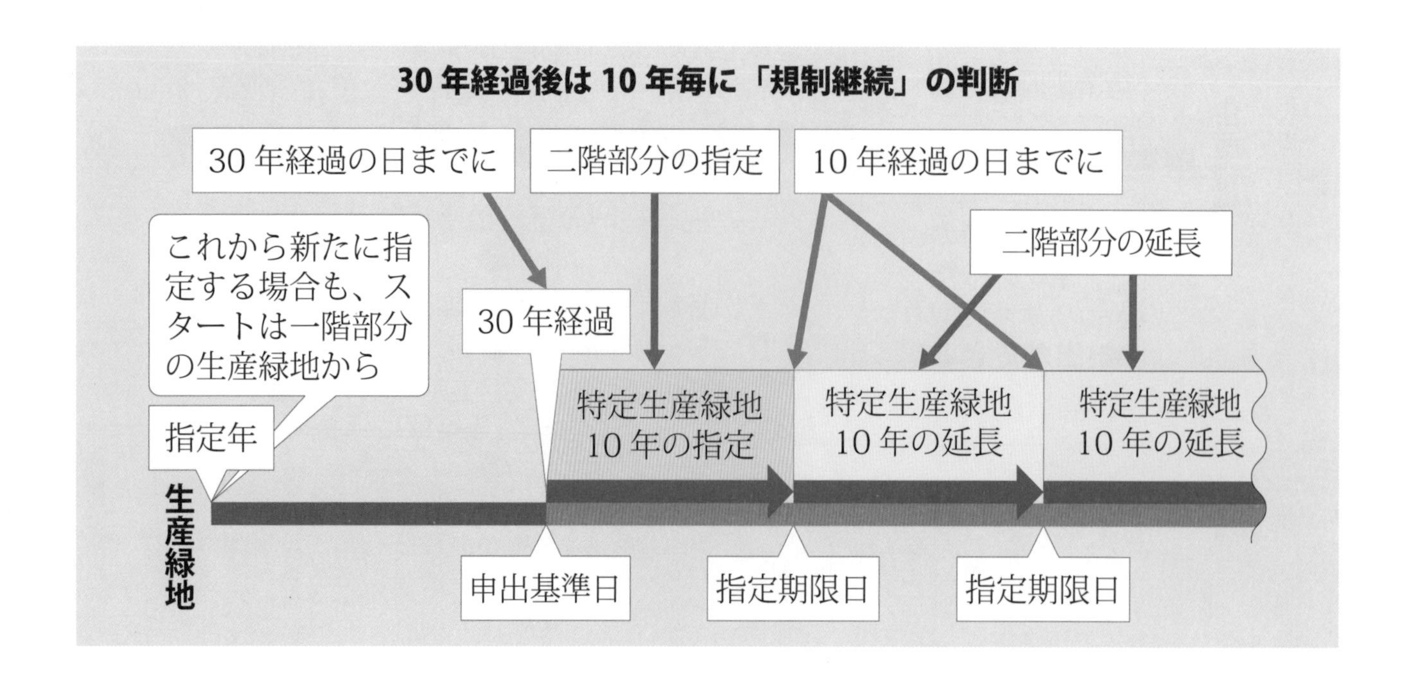

経過した後に特定生産緑地として指定、その後10年毎に指定の期限を延長することで、税制特例と行為制限とが継続します。

申出基準日から10年を経過の日を「指定期限日」と言います。さらに延長する際の直前の指定期限日から10年を経過する日も同様に「指定期限日」と言います。

特定生産緑地の指定と同様、指定の期限の延長も指定期限日までに行わなければなりません。

（3）特定生産緑地の指定の提案

生産緑地の所有者は、所有者以外の農地等利害関係人がいるときはあらかじめその全員の同意を得たうえで、市町村長に対し特定生産緑地の指定の提案をすることができます。市町村長は、その提案に対して特定生産緑地の指定をしない場合には、遅滞なくその旨及び理由を通知することとしています。

特定生産緑地の指定の手続きは、一般的には前記「（1）特定生産緑地の指定」にあるとおり農地の所有者に対する意向把握から始まります。この「提案」は、生産緑地の所有者が市町村からの特定生産緑地に係る意向確認を待たずに特定生産緑地の指定を市町村長へ提案することを可能にしたものです。

（4）間断の無い指定が必要

申出基準日から特定生産緑地を指定する場合も、指定期限日から特定生産緑地の指定の期限の延長を行う場合も、特定生産緑地が間断なく継続されなければなりません。30年経過後の生産緑地では、特定生産緑地の指定がない時期、言い換えれば規制の隙間（いつでも買取りの申出が可能な時期）があると、特定生産緑地の指定や延長はできなくなります。

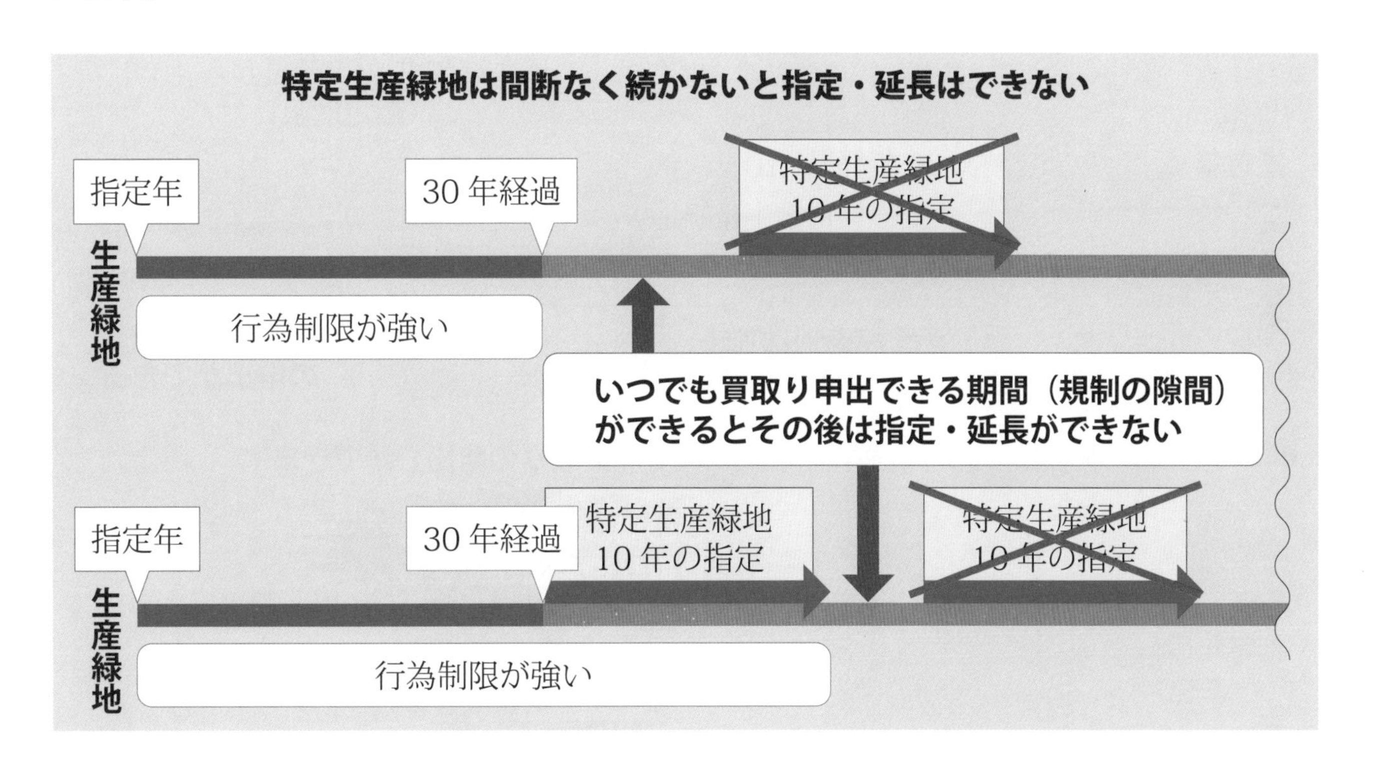

3）特定生産緑地の買取りの申出と行為の制限の解除（生産緑地法第10条の5）

特定生産緑地に指定されると買取りの申出が可能となるのは、①申出基準日から10年後の指定期限日以降、②指定の期限の延長を行った場合にはその延長直前の指定期限日から10年後の指定期限日以降、となります（延長は何度でもできます）。

また、指定期限日が到来する前に主たる従事者の故障等があった場合には30年経過前の生産緑地と同様、市町村長に対して買取りの申出を行うことができます。

一階部分の生産緑地は、指定から30年経過後に特定生産緑地の指定を行わなくても、または特定生産緑地の指定から10年経過後に指定の期限の延長を行わなくても、買取りの申出を行うまでは「いつでも買取りの申出ができる生産緑地」として生産緑地地区の指定は継続します。したがって、固定資産税が宅地並みの課税となった後でも行為制限が解除されるのは「買取りの申出から3カ月経過後」となります。

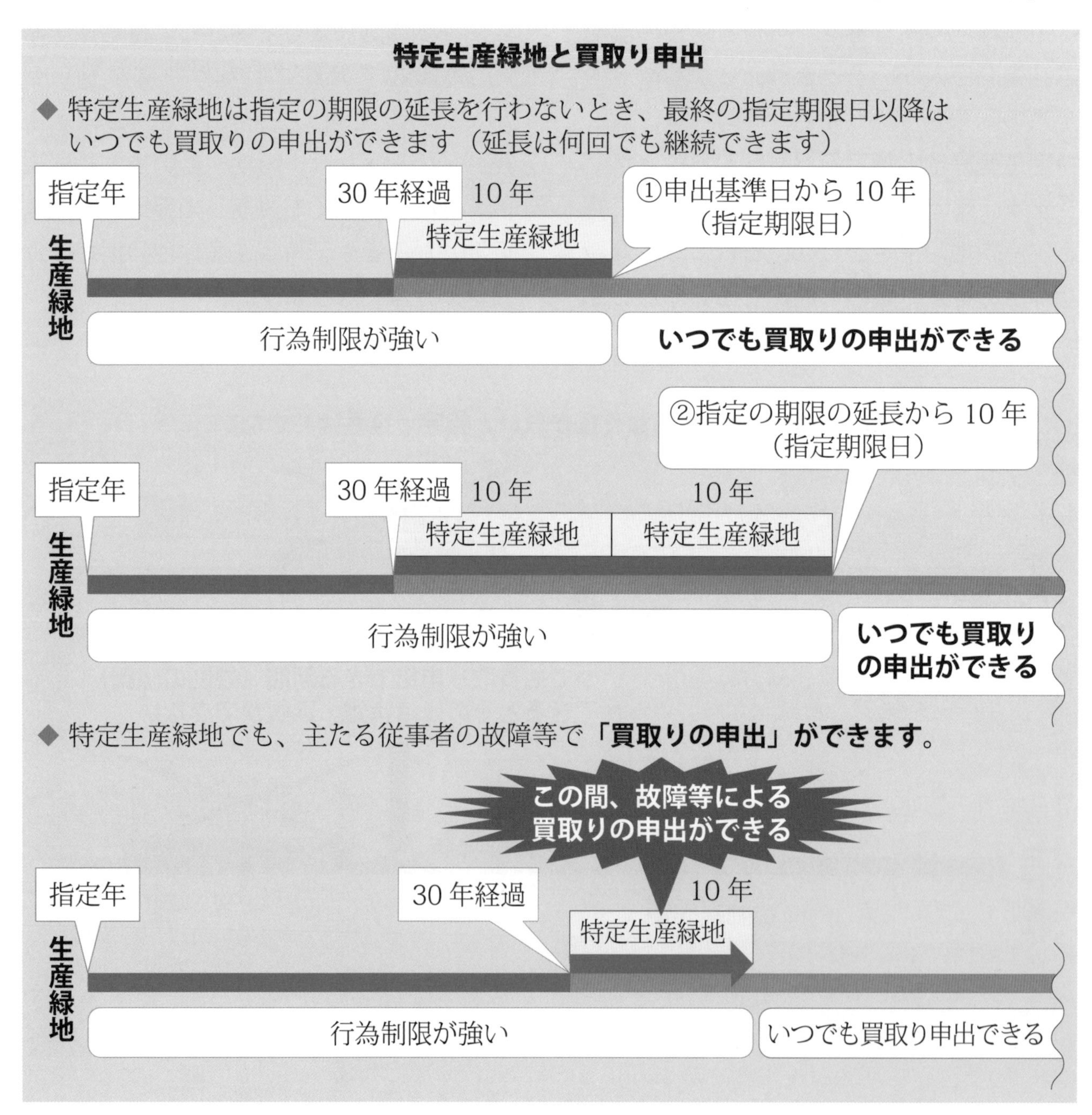

4）特定生産緑地に指定しない場合の税制特例の取扱い

特定生産緑地に指定した場合の税制特例や行為制限及び買取りの申出については、指定から30年経過前の生産緑地と同様の取り扱いになります。

一方、特定生産緑地に指定しない、もしくは指定の期限を延長しないで「いつでも買取り申出ができる一階部分の生産緑地」になった場合には、関係する税制は次のようになります。

（1）固定資産税・都市計画税

宅地並み課税となりますが、「激変緩和措置」によって5年間、段階的に引き上げられます。一方、途中で買取りの申出を行った場合には翌課税年度から課税地目に基づく通常の評価・課税となります。

固定資産税・都市計画税の激変緩和措置

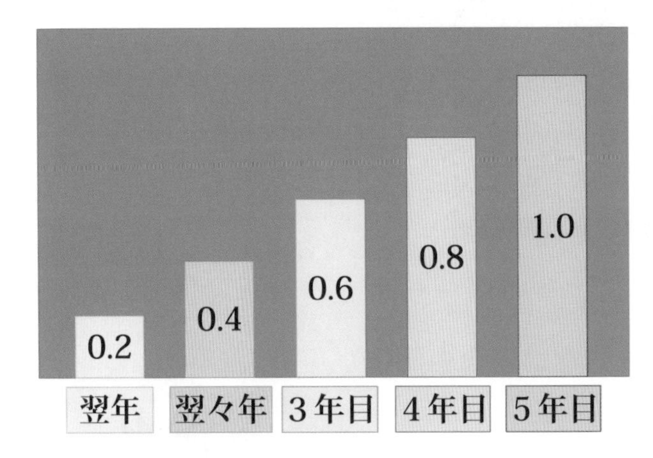

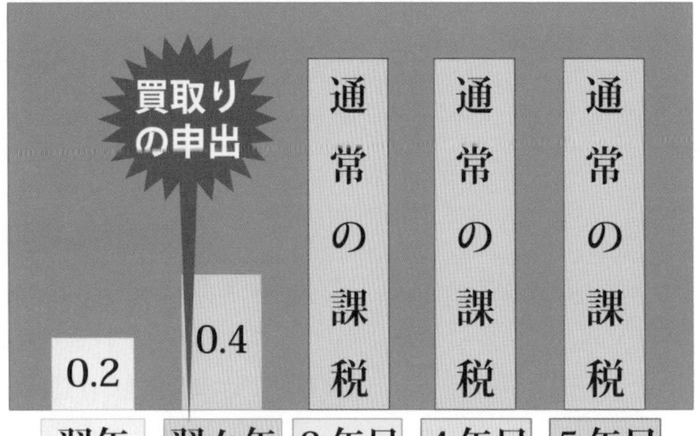

（2）相続税納税猶予制度

都市営農農地（**29頁**）で、既に納税猶予制度の適用を受けている農地等においては、特定生産緑地の指定・延長をしない場合でも、その一代に限り納税猶予の適用は継続します。

しかし、買取りの申出をすれば「期限の確定」となり、猶予税額と利子税を2カ月以内に納めることになります。つまり生産緑地の指定から30年が経過した後に特定生産緑地となっていない相続税納税猶予制度適用農地等は「生産緑地としてはいつでも買取りの申出ができる状態となっても、相続税納税猶予制度では営農継続の約束が残るので違反すると期限の確定となる」ということです。

さらに、都市営農農地で特定生産緑地の指定をしない、もしくは指定の延長を行わずに「いつでも買取りの申出ができる一階部分の生産緑地」となった場合、その後に発生する相続で納税猶予制度の適用はできません（ここまでは**24頁**の図を参照）。

特定生産緑地を間断なく指定・延長している場合は、特定市街地区域内の農地等であっても他の適用要件を満たせば次の相続人が相続税納税猶予制度の適用を受けられます。

また、特定生産緑地の指定・期限延長期間中に農業相続人（納税猶予制度の適用を受けている農地所有者）が死亡した場合には相続税納税猶予は免除となり、主たる従事者の故障等（主たる従事者証明（**15頁**）が必要です）による買取りの申出が可能です（ここまでは**25頁**の図を参照）。

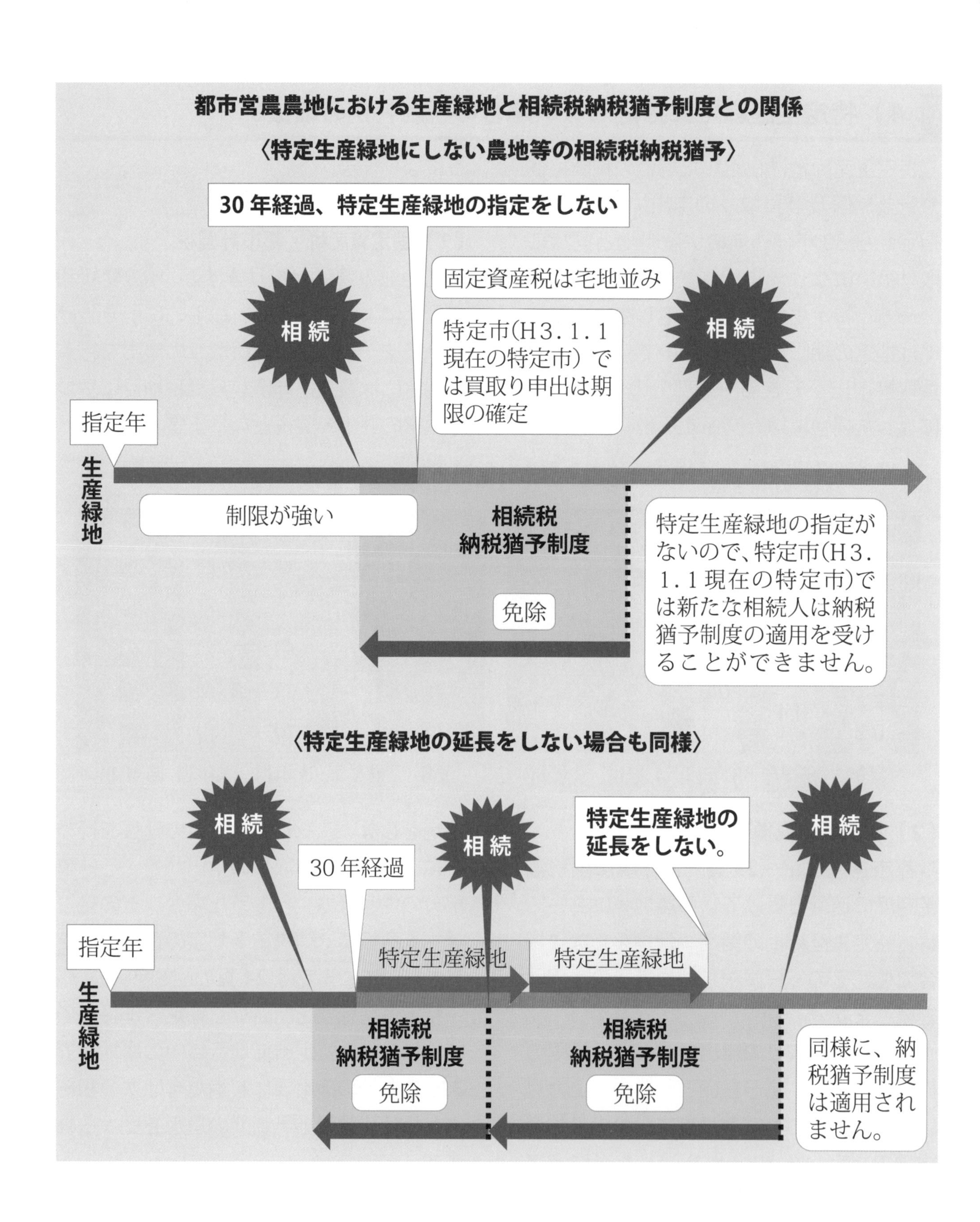
都市営農農地における生産緑地と相続税納税猶予制度との関係
〈特定生産緑地にしない農地等の相続税納税猶予〉
30年経過、特定生産緑地の指定をしない
固定資産税は宅地並み
相続
特定市(H3.1.1現在の特定市)では買取り申出は期限の確定
相続
指定年
生産緑地
制限が強い
相続税納税猶予制度
免除
特定生産緑地の指定がないので、特定市(H3.1.1現在の特定市)では新たな相続人は納税猶予制度の適用を受けることができません。
〈特定生産緑地の延長をしない場合も同様〉
相続
相続
特定生産緑地の延長をしない。
相続
30年経過
指定年
特定生産緑地
特定生産緑地
生産緑地
相続税納税猶予制度
免除
相続税納税猶予制度
免除
同様に、納税猶予制度は適用されません。

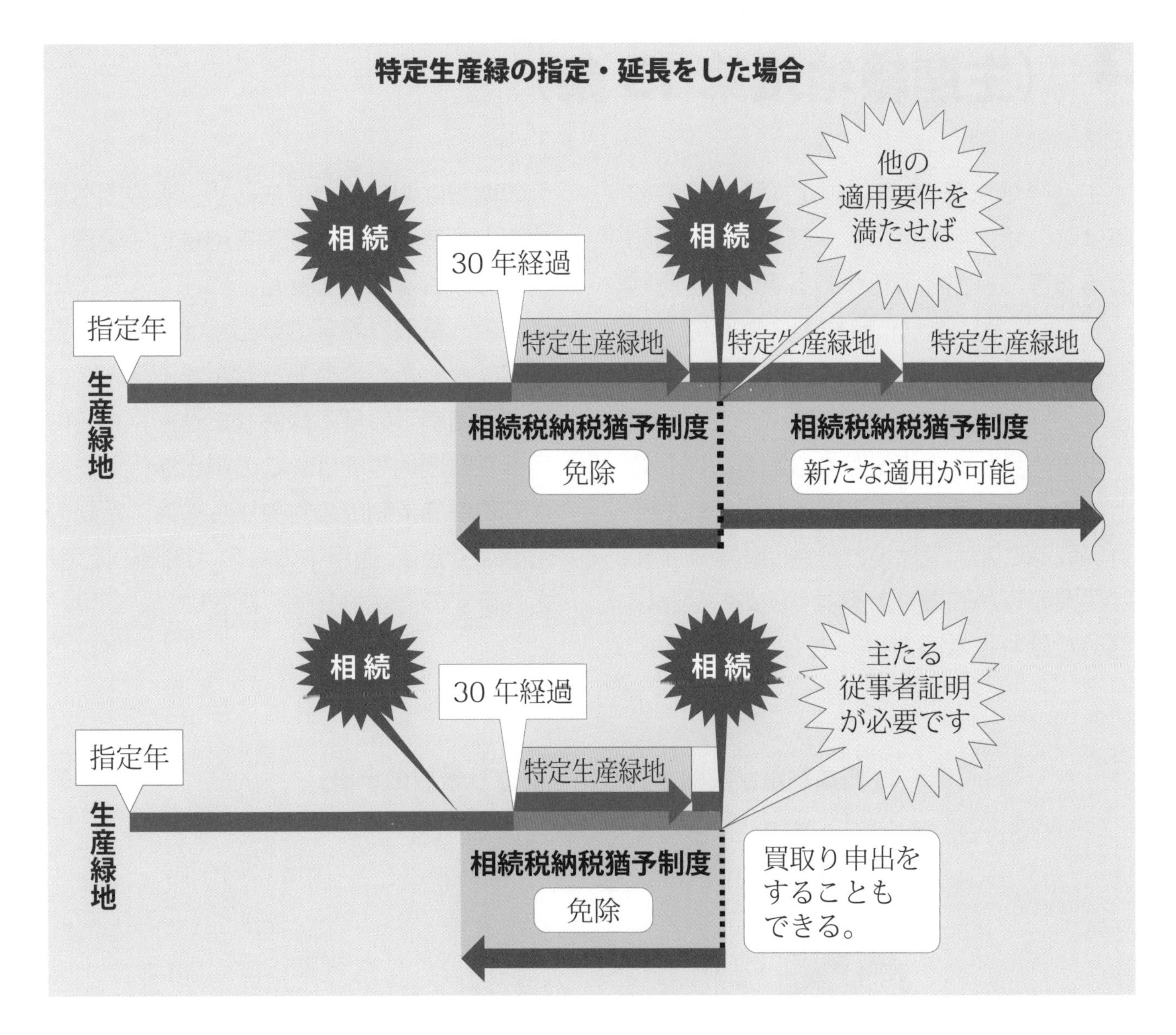

なお、特定市（納税猶予制度の特定市＝平成３年１月１日現在の特定市）以外の市街化区域では生産緑地の指定がなくても納税猶予制度の適用ができ、さらに20年免除の対象となっていますが、新たな納税猶予制度の適用時において、生産緑地に指定されている農地等は20年免除の対象とはなりません（**28頁**）。

農業委員会の役割

市町村長は、特定生産緑地の指定に際しても農業委員会の意見を聴くことになっています。農業委員会は日常業務である農地利用状況の把握において生産緑地の適正管理について助言し、管理不十分な場合には必要な指導を行いますが、特定生産緑地の指定に際しても現地調査などによって現況を確認し、市町村長に対して回答します。また、生産緑地地区に指定する際と同様に、農地等利害関係人の同意に関して当該農地等の貸借等権利関係について確認する必要があります。

また、特定生産緑地の説明・普及に際しては相続税納税猶予制度や都市農地貸借法等との関連について、農業委員会が主体的な役割を担う必要があります。

4 生産緑地の買取り希望の申出（生産緑地法第 15 条）

生産緑地法第 10 条に規定する程度の故障はないが、疾病等により農業従事が困難である等の特別な事情がある場合は生産緑地法第 15 条により市町村長に対して「買取り希望の申出」ができることとなっています。

市町村長がその申出をやむを得ないものと認めるときは「申出のあった生産緑地を買い取ること、又は地方公共団体等もしくは農業者等が取得できるようにあつせんに努めなければならない」としていますが、その期限は明記されておらず、その間も農地等の所有者等は農地等を継続して管理し続けなければなりません。

この「買取り希望の申出」は市町村が買取らなかった場合やあっせんが不調となっても行為制限の解除はありません。さらに都市営農農地等では、この申出を行った時点で納税猶予制度の対象から除外（新規の適用はできず、適用中のものは期限の確定）されますので注意してください。

行為制限が解除されない「買取り希望の申出」

◆ 買取り**希望**の申出（生産緑地法第 15 条）
（市町村の買取り又はあっせんに努めることとしています）

生産緑地法第10条の買取りの申出（生産緑地法施行規則第５条）に該当するほどの故障等では無いが農業従事が困難である等、特別な事情がある場合に市町村長に対して買取りを希望する旨を申し出ることができます。

行為制限は解除されず、納税猶予制度も対象外に

5 都市農地貸借法等による貸付け

原則が「終生」となった相続税納税猶予制度の適用を受けた生産緑地・特定生産緑地で農地所有者や家族による耕作が継続できない状況になることも考えられます。そのような農地等を良好に保全し続けられるように「都市農地の貸借の円滑化に関する法律（この資料では「都市農地貸借法」と言います）」が、平成30年9月1日に施行されました。

納税猶予制度の適用が可能となる都市農地貸借法等（注）は、その貸付け対象として農業経営者に対して行う「認定農地貸付け」と、市民農園の開設を目的に行う「農園用地貸付け」の２つの貸借が行えます。

「都市農地貸借法」の特徴は次のとおりです。

① 対象は生産緑地に限定

② 契約期間満了後に農地が返還されるので安心

③ 相続税納税猶予制度の対象となる

これまで、市街化区域で相続税納税猶予制度の適用を受けていた農地は、農地所有者自らが耕作を続けなければならず、「期限の確定」となってしまうことから農地の貸借はできませんでした（営農困難時貸付けを除く）。都市農地貸借法等の貸付けが納税猶予制度の対象となったことで、市街化区域内の農地等の保全が一層はかられるようになりました。

（注）都市農地貸借法等：都市農地貸借法及び相続税納税猶予制度の対象となる特定農地貸付け（市民農園整備促進法第 11 条第１項による承認を受けたものとみなされるものを含む）

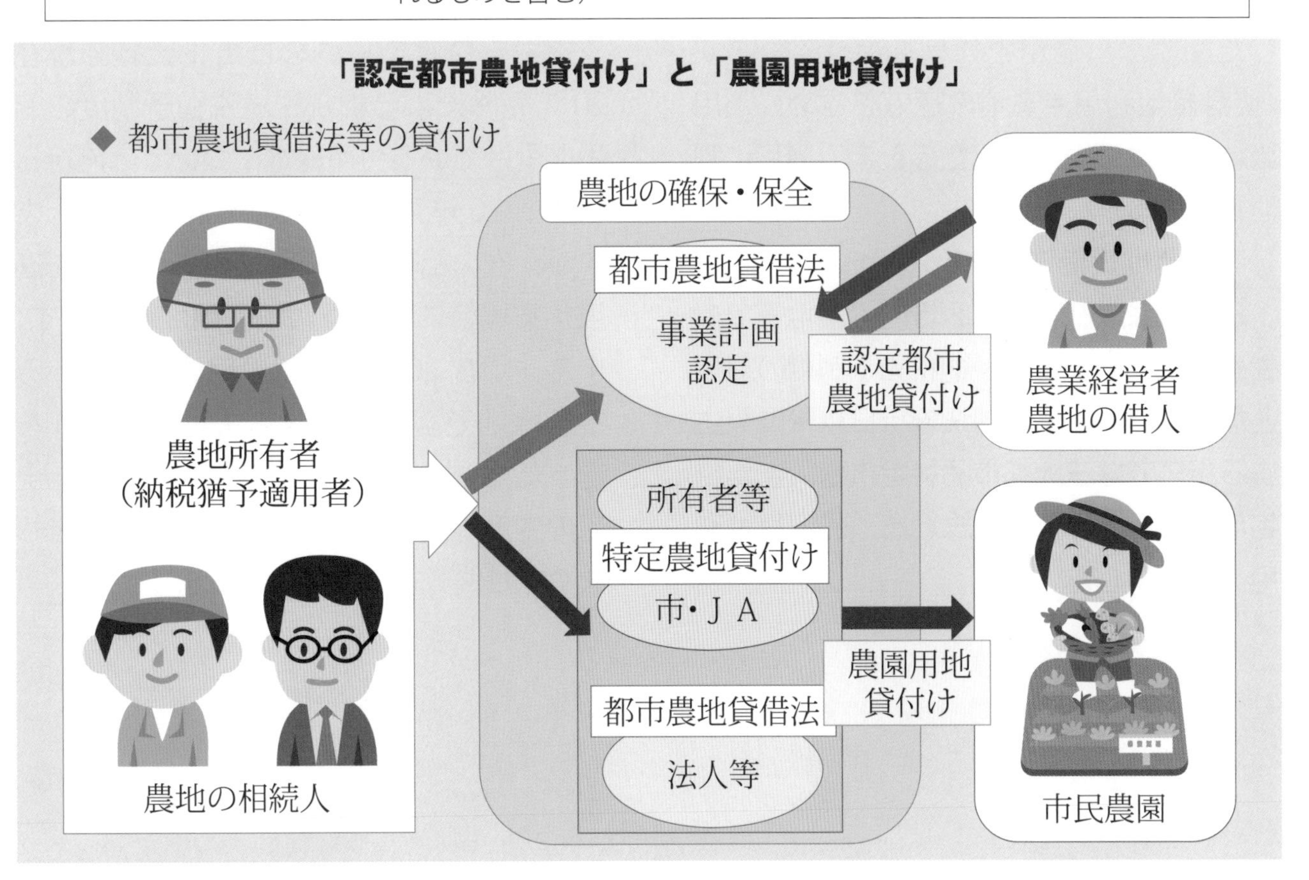

6 三大都市圏特定市以外の市街化区域内農地等と生産緑地・相続税納税猶予制度との関係

三大都市圏特定市以外の市街化区域でも固定資産税等を軽減し、さらに納税猶予制度の対象となる都市農地貸借法等による貸付けを行うには、生産緑地に指定する必要があります。

一方で、これまで相続税納税猶予制度が20年免除の地域（三大都市圏特定市以外の市街化区域）では、生産緑地に指定すると20年免除の対象外（「申告期限から20年経過」の免除要件を廃止し、終身とする）となります。

相続税納税猶予制度の20年免除は、特定市の市街化区域では平成4年1月1日以降に発生した相続から適用されなくなりました（終身営農＝農業相続人が死亡の日まで自ら（世帯員を含む）が営農を続ける）。

一般農地（市街化調整区域等）も20年免除は、平成21年12月15日以降に発生した相続から適用されなくなっています（終身農地利用＝農地の貸借を含め、適用農地を農業相続人の死亡の日まで適正に管理し続ける）。

都市農地貸借法の施行（平成30年9月1日）により、市街化区域内の農地等でも生産緑地に限り貸借が納税猶予制度の対象となったことから、同法施行日以降に発生する相続では三大都市圏特定市も、また特定市以外も含めて生産緑地を「終身農地利用」としました。

納税猶予制度は、農地の保全と利用の促進を図るために貸借を容認しながら終身農地利用とすることで農地の保全と継承という本来の目的を果たそうとしています。現在20年免除が残っているのは、三大都市圏特定市以外で生産緑地の指定を受けていない市街化区域内農地等だけです。

三大都市圏特定市以外の市街化区域でも、生産緑地に指定しないと固定資産税等の高額な負担が続くことになります。その負担を補うため不動産等の土地利用によって収入を得ようとすると、それが更なる相続税の負担へと繋がります。先祖から預かった農地等を減らすことなく次の世代へと継承できるよう、生産緑地の指定と相続税納税猶予制度の適用など農地を守る制度の積極的な活用による農地保全が必要です。

なお、特定市以外の市街化区域で現在20年免除による相続税納税猶予制度の適用を受けている生産緑地については施行日以降も20年免除はその一代に限り続きますが、次の相続で相続税納税猶予制度を適用する場合には終身農地利用になります。また、現在20年免除で適用を受けている生産緑地で都市農地貸借法等の貸付けを行った場合には、一括して適用を受けた全ての生産緑地について20年免除に該当しなくなり終身農地利用となります。

1）市街化区域とは

都道府県は一帯の都市として総合的に整備、開発、及び保全する必要がある区域を都市計画区域として指定します（都市計画法第５条)。さらに「都市計画区域内では無秩序な市街化を防止し、計画的な市街化を図ることを目的に市街化区域と市街化調整区域との区分（線引きと言います）を定めることができる」としています（同法第７条第１項)。また、「すでに市街地を形成している区域及びおおむね 10 年以内に優先的かつ計画的に市街化を図るべき区域」を市街化区域として指定（同条第２項）することとしています。

2）納税猶予制度における特定市街化区域農地等と都市営農農地等

（1）特定市街化区域農地等

納税猶予制度における「特定市街化区域農地等」とは、都市計画法第７条第１項に規定する市街化区域内に所在する農地又は採草放牧地で、平成３年１月１日において次の区域内に所在するもの（次の「（２）都市営農農地等」に該当するものを除きます）となっています。

なお、納税猶予制度における特定市については次頁に掲載している「納税猶予制度における三大都市圏内に所在する特定の都市名（190 市)」をご覧ください。

① 都の区域（特別区の存する区域に限ります）

② 首都圏整備法第２条第１項に規定する首都圏、近畿圏整備法第２条第１項に規定する近畿圏又は中部圏開発整備法第２条第１項に規定する中部圏内にある地方自治法第 252 条の 19 第１項の市の区域

③ 上記②の市以外の市でその区域の全部又は一部が首都圏整備法第２条第３項に規定する既成市街地若しくは同条第４項に規定する近郊整備地帯、近畿圏整備法第２条第３項に規定する既成都市区域若しくは同条第４項に規定する近郊整備区域又は中部圏開発整備法第２条第３項に規定する都市整備区域内にあるものの区域

（2）都市営農農地等

「都市営農農地等」とは、次の農地又は採草放牧地で、平成３年１月１日において上記「（１）特定市街化区域農地等」の①から③までに掲げる区域内に所在するものです（措法 70 の４②四)。

① 都市計画法第８条第１項第 14 号に掲げる生産緑地地区内にある農地又は採草放牧地

ただし、生産緑地法第 10 条又は第 15 条第１項の規定による買取りの申出がされたもの、同法第 10 条第１項に規定する申出基準日までに特定生産緑地の指定がされなかったもの、同法第 10 条の３第２項に規定する指定期限日までに特定生産緑地の指定の期限の延長がされなかったもの、同法第 10 条の６第１項の規定による指定の解除がされたものは除かれます。

② 都市計画法第８条第１項第１号に掲げる田園住居地域内にある農地

ただし、上記①に掲げる農地を除きます。

納税猶予制度における三大都市圏内に所在する特定の都市名（190 市）

区分	都府県名	都　市　名
首都圏（106市）	茨城県（5市）	竜ケ崎市、水海道市、取手市、岩井市、牛久市
	埼玉県（36 市）	川口市、川越市、浦和市、大宮市、行田市、所沢市、飯能市、加須市、東松山市、岩槻市、春日部市、狭山市、羽生市、鴻巣市、上尾市、与野市、草加市、越谷市、蕨市、戸田市、志木市、和光市、桶川市、新座市、朝霞市、鳩ヶ谷市、入間市、久喜市、北本市、上福岡市、富士見市、八潮市、蓮田市、三郷市、坂戸市、幸手市
	東京都（特別区と 27 市）	特別区、武蔵野市、三鷹市、八王子市、立川市、青梅市、府中市、昭島市、調布市、町田市、小金井市、小平市、日野市、東村山市、国分寺市、国立市、福生市、多摩市、稲城市、狛江市、武蔵村山市、東大和市、清瀬市、東久留米市、保谷市、田無市、秋川市
	千葉県（19 市）	千葉市、市川市、船橋市、木更津市、松戸市、野田市、成田市、佐倉市、習志野市、柏市、市原市、君津市、富津市、八千代市、浦安市、鎌ヶ谷市、流山市、我孫子市、四街道市
	神奈川県（19 市）	（横浜市）、（川崎市）、横須賀市、平塚市、鎌倉市、藤沢市、小田原市、茅ケ崎市、逗子市、相模原市、三浦市、秦野市、厚木市、大和市、海老名市、座間市、伊勢原市、南足柄市、綾瀬市
中部圏（28市）	愛知県（26 市）	（名古屋市）、岡崎市、一宮市、瀬戸市、半田市、春日井市、津島市、碧南市、刈谷市、豊田市、安城市、西尾市、犬山市、常滑市、江南市、尾西市、小牧市、稲沢市、東海市、尾張旭市、知立市、高浜市、大府市、知多市、岩倉市、豊明市
	三重県（2市）	四日市市、桑名市
近畿圏（56市）	京都府（7市）	（京都市）、宇治市、亀岡市、向日市、長岡京市、城陽市、八幡市
	大阪府（32 市）	（大阪市）、守口市、東大阪市、堺市、岸和田市、豊中市、池田市、吹田市、泉大津市、高槻市、貝塚市、枚方市、茨木市、八尾市、泉佐野市、富田林市、寝屋川市、河内長野市、松原市、大東市、和泉市、箕面市、柏原市、羽曳野市、門真市、摂津市、泉南市、藤井寺市、交野市、四条畷市、高石市、大阪狭山市
	兵庫県（8市）	（神戸市）、尼崎市、西宮市、芦屋市、伊丹市、宝塚市、川西市、三田市
	奈良県（9市）	奈良市、大和高田市、大和郡山市、天理市、橿原市、桜井市、五条市、御所市、生駒市

（注１）［　　］は租税特別措置法第 70 条の４第２項第３号イに掲げる区域、（　）書は同号ロに掲げる区域、その他は同号ハに掲げる区域に所在する市を示します。なお、［　　］書は同号ハに掲げる区域のうち首都圏整備法の既成市街地又は近畿圏整備法の既成都市区域に所在する市を示します。

（注２）表中の都市名は平成３年１月１日におけるものです。

附：生産緑地法の沿革

昭和 43 年に施行された都市計画法に基づき都市計画区域を設定、その中を市街化を図るべき「市街化区域」と、市街化を抑制する「市街化調整区域」とに区分（線引き）しました。以降、平成 27 年の都市農業振興基本法の制定、同 30 年の都市緑地法の改正までの間、市街化区域内農地は都市施設へと転換されることが前提の土地利用とされていました。

このように、市街化区域内では原則的には農業経営の継続ができない制度となっていましたが、一方で中・長期的に農地を保全しながら計画的に市街化を進める仕組みも作られました。それが、昭和 49 年に制定された「生産緑地法」です。

同法は緑地機能の高い農地等について、既に都市的整備等（土地区画整理又は開発行為）がなされている地域の農地等は「第二種」として 10 年間（1 度に限り延長可、買取りの申出は指定から 5 年経過）、都市的整備等がされていない面的まとまりのある農地等を「第一種」として期間の定めのない（買取りの申出は指定から 10 年経過）生産緑地地区に指定することにより、都市緑地の保全を図ろうとしたものです。

昭和 60 年代に始まったバブル経済で土地価格が高騰、農地の宅地並み課税実施への動きが強まる中で平成 3 年に生産緑地法を改正し、「長期営農継続農地制度」の廃止と改正生産緑地法に基づく指定が平成 4 年に行われました。このバブル真只中の改正では、三大都市圏特定市の農地等を「宅地化する農地等」と「保全する農地等」とに区分し、宅地化する農地等（生産緑地の指定をしない農地等）は固定資産税を宅地並み課税とするとともに、納税猶予制度の対象としないこととされました。

「保全する農地等」は、三大都市圏特定市であっても行為制限を強化した生産緑地の指定によって固定資産税の現況（農地）課税と納税猶予制度の適用を受けられることとしましたが、相続税納税猶予制度は 20 年免除を廃止して終身営農としました。

その後、宅地価格は下落・安定し、住宅の戸数も世帯数を上回るなどの状況に加え、都市農地の持つ多面的な機能が見直され、平成 27 年 4 月に都市農業振興基本法が成立・施行されました。

平成 3 年改正法では、生産緑地は指定から 30 年以降「いつでも買取りの申出ができる」こととなっていますが、30 年が経過する平成 34 年（令和 4 年）には生産緑地の大部分でその時期が到来することとなり、同時に「いつでも買取りの申出ができる」なら「税制特例も不要ではないか」との検討がされる中で、平成 29 年に再度の生産緑地法改正を行い、特定生産緑地の指定により税制特例も継続されることとなりました。この平成 29 年の改正は都市農業振興基本法のもとで都市農地の保全と、それに必要な税制特例の継続が果たせるよう行われたもので、「平成 3 年改正法を完成させて 30 年経過後の農地保全について明らかにしたもの」と言えます。

翌平成 30 年には都市農地の貸借の円滑化に関する法律が成立・施行されるとともに、同法に基づく貸付け及び一定の要件を備えた特定農地貸付けが納税猶予制度の対象となり、都市農業の継続に向けた法・制度が充実しました。

生産緑地法及び関係法の経緯

	法・制度等	制度の仕組み等
1961 年	農業基本法の制定	
1964 年	贈与税の納期の延長に関する特例（租税特別措置法）を創設	農業基本法を受け、農地の細分化防止のための贈与税の特例措置として、相続人一人に一括して生前贈与する場合の贈与税の特例を創設。
1968 年	新都市計画法制定	
1971 年	市街化区域内農地を宅地なみ課税とする地方税法の改正	土地供給拡大を目的に都市農地の宅地なみ課税を決定。土地評価に応じ A･B･C の３段階に農地を区分。
1973 年	A･B 農地に宅地なみ課税	１年実施を延長
	地方自治体独自の奨励金制度	農地課税と宅地なみ課税の差額の一部を還付。その後、還付部分を徴収しない減額制度へと移行する。
1974 年	生産緑地法の制定（旧法）	第１種＝都市整備未了、一団の面積概ね 1 ha、買取りの申出は指定から 10 年経過で可能（期間＝無期限） 第２種＝都市整備完了等、一団の面積概ね 20a、買取りの申出は指定から５年で可能（期間＝10 年、１回限り延長可）。
1975 年	相続税納税猶予制度（租税特別措置法）の創設	相続税の特例制度を納税猶予で創設、20 年で猶予税額と利子税を免除。贈与税特例も納税猶予に改正。
1982 年	長期営農継続農地制度	地方税法改正により市街化区域内農地の固定資産税課税に安定的な制度の創設。
1991 年	生産緑地法（新法）・納税猶予制度の改定	市街化区域の農地を「保全する農地」と「宅地化すべき農地」に区分。長期営農継続農地制度を廃止し、保全する農地は生産緑地に指定。一団の面積を５a、買取りの申出は指定から 30 年。特定市街化区域で相続税納税猶予制度の 20 年免除を廃止し終生へ。
1992 年	改定法の施行	
2015 年 2016 年	都市農業振興基本法の制定 都市農業振興基本計画の制定	「開発までの一時的な利用」とされてきた都市農地を、「都市に農地はあるべきものとして農業を振興し、利用を促進する」として位置づけた。
2017 年	生産緑地法の改正	30 年経過した生産緑地の税制特例を継続するための「特定生産緑地」指定、及び許可可能な施設の拡大等。
2018 年	都市緑地法改正	第３条（定義）に「この法律において「緑地」とは、樹林地、草地、水辺地、岩石地若しくはその状況がこれらに類する土地（農地であるものを含む。）」として都市計画に農地を位置付けた。
	都市農地貸借円滑化法の制定	市街化区域内農地を生産緑地に限り貸借を円滑化させる制度の創設、及び納税猶予制度の適用を可能にする。
2022 年	新法による生産緑地の指定開始から 30 年の経過	特定生産緑地の指定が始まる